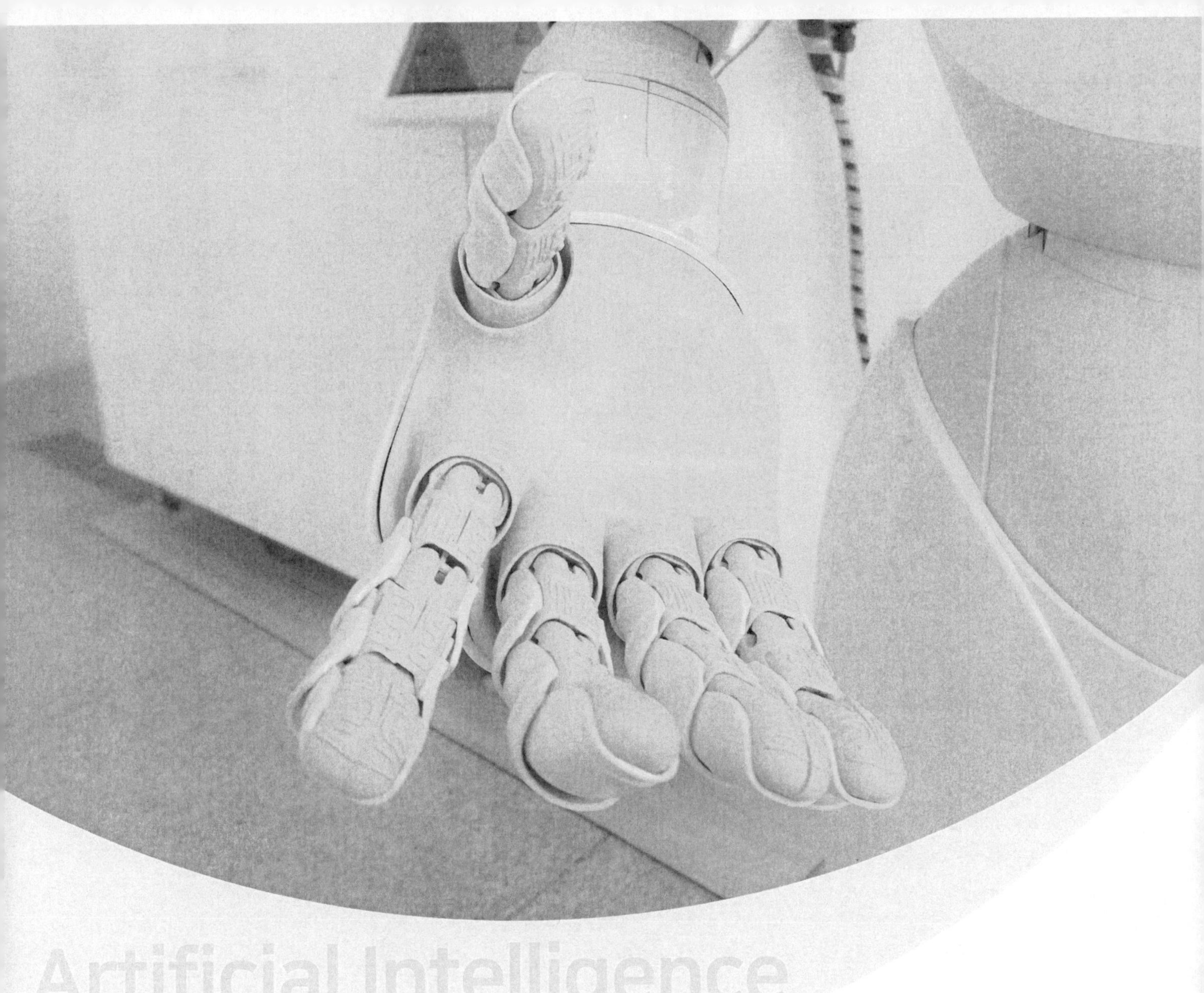

국내외 인공지능 산업분석보고서

2023개정판

저자 비피기술거래 비피제이기술거래

㈜ 비티타임즈

<제목 차례>

I. 서론

1. 서론

2016년 이세돌이 알파고에 패하면서 우리는 인공지능 기술의 발전을 실감할 수 있었다. 과거 SF영화의 소재로만 다루어졌던 인공지능은 어느새 우리 생활 깊숙이 들어왔고 점점 발전을 거듭하여 우리가 상상할 수 없는 수준에 이르렀다. 많은 사람들은 인공지능의 기술의 확대를 인정하면서도 인간의 영역을 대체할 것이라는 우려 때문에 경계를 늦추지 않고 있다.

사실 '인공지능'이라는 용어는 최근에 사용된 것이 아니라 1950년대부터 사용되었으며 꾸준히 연구되었다. 하지만 1970년대까지 인공지능에 대한 연구 성과는 미미한 수준에 불과하여 큰 관심을 받지 못했다. 그러던 중, 1980년대 인간의 신경계에 대한 연구를 토대로 개발된 분석과 처리가 가능한 메커니즘을 통해 생각하는 기계를 만들 수 있다는 신경망(neural net)이론이 대두되면서 인공지능에 대한 연구가 활기를 띠는듯 하였으나 방대한 데이터를 얻고, 관리할 방법이 없어 다시 침체기를 맞았다. 이후 1990년대 들어서야 검색 엔진 등을 통해 방대한 데이터를 수집할 수 있게 되었고 여기에 기계학습기술을 접목시켜 인공지능 스스로도 학습할 수 있는 수준에 이르렀고, 기계학습 방법론을 통한 인공지능 연구 흐름은 딥러닝 알고리즘을 이용하면서 극적인 도약의 전환점을 맞게 되었다. 이렇게 황금기와 침체기를 번갈아 맞이하며 꾸준히 발전한 인공지능은 현재 다양한 분야에 적용되면서 실질적으로 우리생활에 많은 영향을 미치고 있다.

인공지능은 4차 산업혁명의 주요 기술 중 하나로 최근 지능형 비서, 의료, 법률서비스, 지능형 CCTV, 지능형 로봇, 지능형 금융서비스등과 같은 다양한 응용분야를 가지고 있다. 또한 4차 산업혁명의 주요 기술인 사물인터넷(IoT), 클라우드(Cloud), 빅데이터(Bigdata), 모바일(Mobile) 보안(Security)과 인공지능이 만나 향후 엄청난 시너지 효과를 내며 더 많은 분야가 생산될 전망이다.

최근 세계 각 국의 글로벌 기업들은 모두 인공지능 분야에 뛰어들어 하나의 큰 시장을 형성하며 다양한 분야의 발전가능성을 보이고 있으며, Tractica의 보고에 따르면 2025년 인공지능 전체 시장은 약 600억 달러 규모로 엄청난 성장을 이룩할 것으로 예상된다.

II. 인공지능의 정의

2. 인공지능의 정의

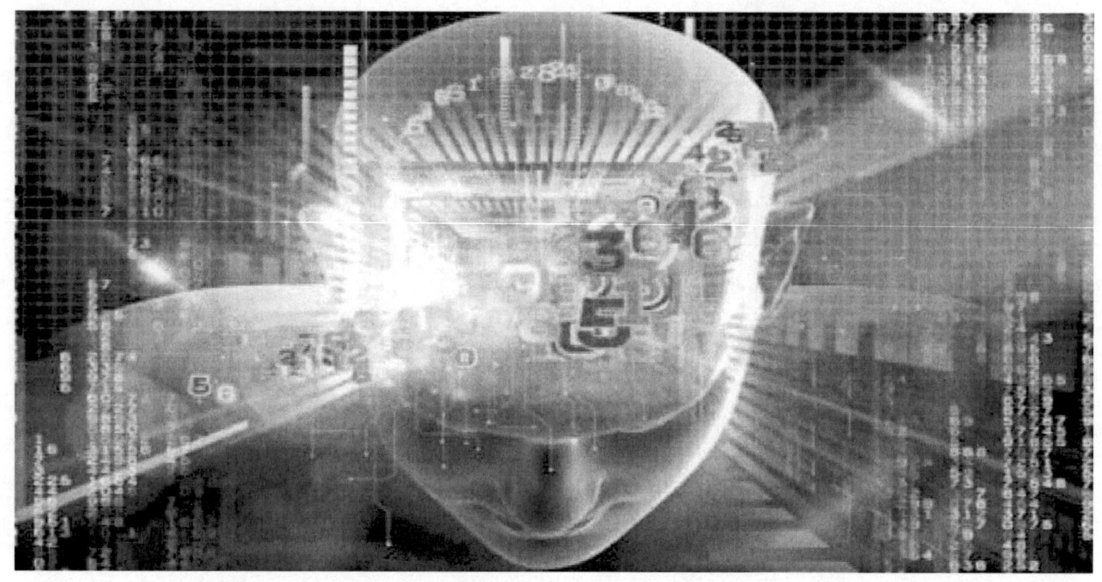

그림 1 인공지능

인공 지능(AI ; Artificial Intelligence)이란, 인공적으로 지적능력을 구현한 것으로
여기에서 지적능력(지능)이란 주로 '문제를 인식하는 능력', '새로운 문제를 해결함에
사전에 지니고 있던 지식과 경험을 적용하는 능력' 등으로 정의된다. 즉, 인공 지능이
란 기계가 인공적으로 문제를 인식하고 그를 해결함에 있어 사전에 학습된 지식과 경
험을 적용할 수 있도록 하는 기술로 볼 수 있다.

인공 지능은 1955년, 컴퓨터 과학자 존 매카시가 발표한 <지능이 있는 기계를 만들
기 위한 과학과 공학>이라는 논문에 처음 등장하였다. 이후 인공지능은 전산학, 심리
학, 언어학, 공학과 같은 다양한 학문 분야에서 사용되어 왔으나 최근 여러 매체에
자주 등장하는 인공지능은 주로 컴퓨터 공학의 한 분야로 인지문제를 해결하는 기법
을 말한다.

인공지능은 크게 '약한(Week) 인공지능'과 '강한(Strong) 인공지능'으로 나눌 수 있
다. 약한 인공지능은 미리 정의된 규칙이나 알고리즘을 이용하여 인간의 지능을 구현
한 것으로 체스, 바둑, 컴퓨터 게임과 같은 특정 영역의 문제를 푸는 기술인 반면 강
한 인공지능은 문제의 영역을 좁혀주지 않아도 어떤 문제든 해결할 수 있는 기술 수
준을 말한다. 현재 약한 인공지능은 널리 쓰이고 있으며 최근 컴퓨터 성능의 향상과
딥러닝의 등장으로 특정 영역에서는 인간에 버금가거나 인간을 능가하는 수준의 단계
로 발전하였다.

인공 지능은 주로 머신러닝(기계 학습) 기법을 이용하여 구현된다. 머신러닝은 크게 알고리즘, 데이터, 하드웨어 인프라로 구성되어있으며 경험적 데이터를 기반으로 학습을 하고 예측을 수행하며 그 결과를 토대로 기계가 스스로 자신의 성능을 향상시키는 시스템과 알고리즘을 말한다. 따라서 데이터의 양이 많을수록 정확한 예측이 가능하기 때문에 최근 '빅데이터'가 함께 대두되고 있다.

과거 기계의 성능과 용량의 부족으로 인공지능 분야는 긴 침체기를 맞이하기도 했지만 이후 기계의 성능이 향상되며 음성 인식, 영상 처리, 게임 등 다양한 분야에서 큰 성공을 거두었다. 더 나아가 2006년 인지 심리학자이자 컴퓨터 과학자인 제프리 힌튼(Geoffrey Hinton) 교수에 의하여 딥러닝이 등장한 이후로 '알파고'와 같이 인간을 뛰어넘는 수준의 인공지능이 등장하기도 하였다. 이처럼 특정 분야에서 인간을 뛰어넘는 인공지능이 등장함에 따라 향후 인공지능이 인간의 능력을 추월할 수 있다는 의식이 확산되고 있다.

많은 사람들은 딥러닝, 인공지능, 머신러닝의 관계에 대해 모호해한다. 딥러닝은 머신러닝과 인공지능의 가장 기초가 되는 기술이며, 인공지능을 구현하기 위해서는 머신러닝을 이용해야한다.

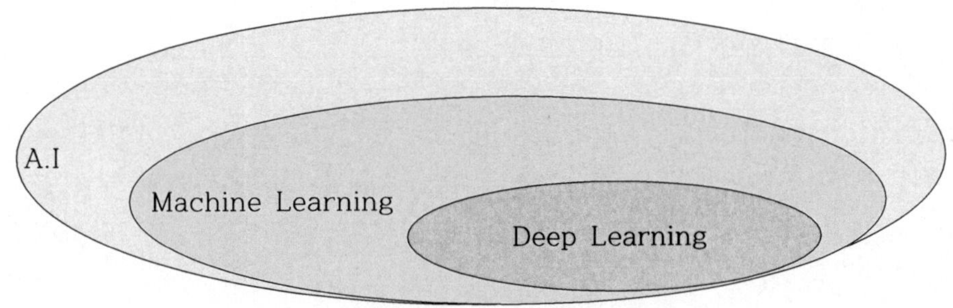

그림 2 인공지능과 머신러닝, 딥러닝의 관계

가. 인공지능의 목표

	이론적	합리적
인간의 사고작용 (thinking)	인간과 같은 사고 시스템 (systems that think like humans)	합리적 사고시스템 (systems that think like rationally)
행동 (behavior)	인간과 같은 행동 시스템 (systems that act like humans)	합리적 행동 시스템 (systems that act like rationally)

인공지능은 여러 학자들에 의해 개념이 정의되고 있으며, 인공지능의 목표는 위의 표와 같이 thinking, behavior, ideal, rational의 조합으로 인간과 같은 사고 시스템, 인간과 같은 행동 시스템, 합리적 사고 시스템, 합리적 행동 시스템으로 분류된다.[1]

① 인간과 같은 사고 시스템

이론적으로 인간과 같은 사고를 하는 기계를 만들기 위해 인간의 사고 작용을 연구한 후, 이로부터 성립된 가설을 시스템을 통해 실현하는 것이다. 이러한 연구를 진행하는 분야를 우리는 인지과학(Cognitive science)라 한다. 인지과학은 인공지능에 기초한 컴퓨터 모델을 만들어 실제 실험을 통해 인간의 사고 작용을 모방하려고 시도하는 분야이지만 인간의 사고 작용은 오묘하고 복잡해서 이를 컴퓨터로 모델링하기가 쉽지 않다. 따라서 인지과학이 성공을 거두기 위해서는 여러 번의 사고 실험을 통한 조사와 연구가 필요하다.

② 인간과 같은 행동 시스템

그리스의 철학자 아리스토텔레스는 '소크라테스는 사람이다. 사람은 죽는다. 그러므로 소크라테스도 죽는다.' 라는 합리적 사고의 논리적인 과정을 제안하였다. 이와같은 소크라테스적인 논리적 흐름에 기초하여 인간의 사고 과정을 컴퓨터로 프로그래밍화하고자 하는 것이 인간과 같은 행동 시스템의 목표이다. 이를 위해서 인간의 비 형식적인 언어를 논리 시스템에 적용하기 위해 형식적인 언어로 변환하는 과정과 이미 저장된 지식들을 기반으로 새로운 입력에 대한 적당한 결론을 추론하는 과정이 필요하다.

---

1) 조영임, 홍릉과학 출판사, 2012

③ 합리적 사고 시스템

 과거 튜링(Turing)은 지능적인 행동을 '모든 인지적인 작업들에서 인간과 같은 수준의 성능을 이루어 내는 능력'이라고 표현했다. 튜링은 1950년 '튜링 테스트'를 제안했는데, 이는 기계와 인간이 얼마나 비슷하게 대화할 수 있는지를 기준으로 기계의 지능을 판별하는 테스트이다. 즉, 합리적인 사고를 하는 시스템은 튜링 테스트를 통해 인간과 구분이 되지 않는 시스템이라 할 수 있고, 인공지능의 궁극적인 목표로 볼 수 있다.

④ 합리적 행동 시스템

 인간의 사고와 행동은 외부 환경에 의존적이고 상황에 따라 다른 결과를 보이기 때문에 명백하게 정의하기가 힘들다. 반면, 합리적 행동 시스템은 주어진 확률 정도에 따라 행동하기 때문에 좀 더 정의하기 쉽고 명백하다고 볼 수 있다.

- 1943년 맥컬럭등은 인간 두뇌를 논리적 이진 원소들로 추측
- 1950년 앨런 튜닝은 기계의 지능을 판별하는 튜링테스트를 제안
- 1955년 메카시가 인공지능 이라는 이름을 처음 사용하면서 인공지능 탄생
- 1961년 최초의 산업용 로봇인 유니메이트 가 만들어짐
- 1964년 MIT대학의 조셉와이젠바움이 개발 사람과의 대화를 흉내 낼 수 있는 초기 형태의 챗봇인 엘리자가 만들어짐
- 1966년 자신의 행동을 스스로 추론하고, 결정하는 최초의 범용 이동 로봇인 쉐이키가 만들어짐
- 1997년 IBM이 개발한 체스 게임 컴퓨터인 딥블루 탄생
  딥블루가 만들어진 이후 체스경기에서 세계챔피언인 카스파로브를 이겼음
- 1998년 MIT 대학의 신디아 브라질이 소개 하면서 사람의 기분을 감지고 반응할 수 있는 정서지능 로봇인 키스멧이 만들어짐
- 1999년 일본의 소니에서 훈련을 통해 기술과 성격을 개발할 수 있는 최초의 상용 로봇 애완견을 선보였음
- 2002년 iRobot사가 개발한 최초로 대량생산된 진공 청소용 로봇인 룸바가 탄생
  룸바는 길을 찾고 청소하는 방법을 학습
- 2011년 애플에서 음성기반 지능형 가상도구인 시리를 만들면서 아이폰 4s에 통합
- 2014년 챗봇인 유진 구스트만은 약 1/3의 검사자가 유진을 인간으로 판별하면서 튜링테스트 통과
  또 같은 해에 아마존에서 고객의 쇼핑업무를 도와줄 수 있는 음성 기반형 가상도구인 알렉사를 선보였음
- 2016년 마이트로소프트의 챗봇인 테이가 탄생하면서 SNS상에서 폭력적이고 인종차별적인 메시지를 쏟아내면서 문제를 일으켰음
- 2016년 구글의 인공지능인 알파고 탄생
  무한한 경우의 수를 가진 게임인 바둑에서 세계 챔피언인 이세돌을 이김
- 2017년 미국 비영리 단체 Future of life institute에서 '아실로마 AI원칙' 수립
- 2017년 구글이 개발한 자연어 처리 모델 '트랜스포머'는 기존 RNN구조의 단점을 극복하며 여러 모델 파생(ELMo, BERT, GPT의 기반)
- 2018년 딥마인드는 인공지능, 생물학 등 도메인 전문가와 협업하여 딥러닝 기반의 단백질 구조예측 모델 '알파폴드' 개발
- 2020년 오픈 AI에서 그간 GPT, GPT-2의 연구성과를 바탕으로 매개변수 사이즈를 확대한 초거대 언어모델 GPT-3 공개

- 2020년 CASP에서 알파폴드는 괄목할만한 성능을 보여주고 '알파폴드2;에서 혁신적인 성과 달성
- 2021년 구글은 반도체 칩 설계 시 인공지능을 적용하여, 수 개월 소요되는 매치 작업을 6시간 이내에 수행
- 2021년 기상예측분야에서 레이더 데이터 기반 인공지능 기술을 통해 기존 방법론 보다 우수한 단기예측 성능 달성
- 2021년 NVIDIA는 글로벌 시가총액 상위 10위에 진입
- 2021년 오픈AI는 문장(텍스트)를 이미지로 변환할 수 있는 AI 모델 'DALL·E'를 전 세계에 공개
- 2022년 메타는 ESM폴드를 개발하여 6억 개 규모의 단백질을 예측하여, 알파폴드가 예측한 2억 개를 넘어섰다고 발표
- 2022년 오픈AI는 현실감, 정확도 향상, 해상도 4배 향상 등 성능이 향상된 'DALL·E2'를 공개

1930년대와 1940년대는 수리 논리학과 계산(computation)에 대한 새로운 아이디어와 인공두뇌학(Cypernetics), 정보 이론 등 인간의 사고 과정에 대한 수많은 이론들이 등장했고, 프레게(Frege), 화이트헤드(Whitehead), 러셀(Russell)등은 추론과정의 몇 가지의 정형화된 틀을 보여 주었다. 수리논리학 분야는 아직도 인공지능 분야에서 주요한 연구 대상이 되고 있는데 수학자인 처치(Church)나 튜링(Turing) 등은 계산의 본질에 대한 연구를 통해 계산 모델을 제시함으로써 수리논리학 분야에서 얻은 정형화된 논리추리 과정이라는 성과를 기계에 적용할 수 있다는 것을 보여주었다.

1950년 튜링은 생각하는 기계의 구현 가능성에 대한 분석이 담긴 논문을 발표했고 많은 사람들은 튜링이 인공지능의 서막을 열었다고 말한다. 이때, 튜링은 기계와 사람의 대화에서 기계가 사람인지 기계인지 구별할 수 없을 정도로 대화를 이끌어 간다면, 이것은 기계가 '생각'을 하고 있다고 말할 충분한 근거가 된다는 튜링 테스트(Turing test)라는 만능기계의 모델을 제시했는데 이는 '생각'이라는 측면에서 최초로 인공지능을 정의한 것이었다.

1956년 인공지능 연구의 본격적인 시작을 알리는 중요한 컨퍼런스가 다트머스대학에서 열렸다. 유명한 학자들이 모인만큼 기대가 컸으나 뚜렷한 성과 없이 막을 내리고 말았다. 하지만 이 모임은 나중에 인공지능 연구의 활성화를 야기했다는 점에서 그 의의를 찾을 수 있다. 이때 모임을 제안하는 글에서 최초로 '인공지능(Artificial Intelligence :AI)'이라는 용어가 사용되어 현재에 이르고 있다.

　다트머스 컨퍼런스 이후, 인공지능을 이용한 여러 프로그램들은 많은 사람들을 놀라게 만들었다. 인공지능을 이용한 프로그램은 대수학을 풀거나 기하학의 정리를 증명하는 등의 지능적인 업무를 수행했다. 인공지능 연구자들은 20년 안에 완전한 지능을 갖춘 기계가 탄생할거라는 낙관론을 펼쳤고 정부는 아낌없이 투자를 진행했다. 이 시기에 탐색 추리, 자연어 처리 분양의 연구가 진행되었으나 모든 지능적인 행동을 해낼 수 있는 일반적인 모델은 찾기 힘들었다.

　60년대 말 인공지능 과학자들은 특정 영역에서만 지능적인 동작을 할 수 있는 프로그램을 개발하였으나 이는 실용화되기에는 어려웠다. 또한 연구자들의 낙관론으로 인해 연구에 대한 기대가 매우 높아져 있어 복잡한 문제를 해결하지 못하는 인공지능은 비판의 대상이 되었고 자금 투자까지 사라져 암흑기를 맞이했다. 이와 함께 컴퓨터의 성능이 인공지능을 개발하기에 충분한 메모리나 처리속도를 보장하지 못하는 기계적인 한계점과 인공지능 연구에 필요한 정보의 양이 현저히 적다는 문제점과 같은 인공지능 연구의 한계점과 문제점들이 하나씩 세상에 나오기 시작했다.

　침체되어 있던 인공지능 연구는 1970년대 말에 이르러서 르네상스를 맞게 되었다. 1980년대에는 전 세계적으로 사용된 '전문가 시스템(expert system)'이라는 프로그램이 등장하면서 특정 지식의 범위에 대한 문제를 해결하거나 질문에 대답해 주는 등 뛰어난 능력을 보여주었다. 전문가 시스템은 전문가의 지식에서 파생된 논리적 법칙을 사용하였는데 이 점에서 지능적인 프로그램을 만들기 위해서 '지식(knowledge)'이 필수적이라는 것을 증명되었다고 볼 수 있다. 즉, 프로그램의 문제풀이 능력은 프로그램이 소유하고 있는 지식으로부터 결정되며 단순히 프로그램이 채택하고 있는 문제표현 방법이나 추론방식에 의해 결정되는 것은 아니라고 볼 수 있다.

　이처럼 다시 황금기를 맞이한 인공지능은 80년대초 일본의 신세대 컴퓨터 개발계획이라는 자극과 더불어 더욱 활성화되었다. 또한 생각하는 기계에 대한 논의가 시작된 연구 초부터 존재해 왔지만 지지부진한 결과로 비난받는 일이 많아 외면받았던 신경망 이론이 몇몇의 끈질긴 연구로 다시 화려하게 부활하여 인공지능 분야에 새로운 바람을 불러일으켰다. (신경망 이론은 '인간의 사고가 두뇌작용의 산물이라면 이 두뇌구조의 처리 메카니즘을 규명하여 이를 이용하면 생각하는 기계를 만들 수 있지 않을까?' 라는 아이디어에서 출발한 이론이다.)

　신경망 이론은 기존의 인공지능에 비해 문제해결을 위한 접근 방식에 있어 많은 차이점을 가지고 있다. 즉, 기존의 방식이 절차적인 순서에 의한 알고리즘을 통해 기호를 처리하여 문제를 푸는 방법인 반면에 신경망 이론은 인간의 두뇌 신경조직을 모델로 하여 단순한 기능을 하는 처리기(신경세포)들을 대규모로 상호연결한 다음 연결 강도를 조절하여 문제를 해결하는 방식이다.

  그래서, 신경망 이론을 지지하는 자들을 연결주의자(connectionist)라 부르기도 한다. 이런 신경망 이론의 탄생으로 인공지능 기술은 기호처리 인공지능(symblic AI)과 연결주의(connectionism)로 양분되는 결과를 맞게 되었다.

  1980년대 후반 IBM과 애플을 비롯한 데스크탑 컴퓨터들의 성능이 비약적으로 향상되었다. 이에 따라 더 이상 값비싼 인공지능 시스템을 유지할 필요가 없어졌고, 또한 업데이트와 학습이 어렵고 특정 분야가 아닌 일반적인 경우 오류가 발생하는등 다양한 문제점이 발견되었다. 이러한 문제점들은 인공지능 분야의 투자를 감소시켰고, 인공지능은 'AI winter'라고 불리는 2차 암흑기를 맞게 되었다.

  이러한 암흑기에도 여전히 인공지능 과학자들은 연구를 멈추지 않았고 2006년 인지심리학자이자 컴퓨터 과학자인 제프리 힌튼(Geoffrey Hinton) 교수에 의하여 '딥러닝(Deep learning)이 등장하면서 인공지능은 다시 한 번 황금기를 맞이했다. 2011년 역사, 문학, 예술 등 다양한 주제를 다루는 미국의 텔레비전 퀴즈쇼의 시범경기에서 IBM사의 왓슨(Watson)은 여유롭게 두 명의 챔피언을 이겼고, 2016년 구글 딥마인드가 개발한 인공지능 바둑 프로그램 알파고는 2016년 이세돌 9단을 4승 1패로 이기는 등 딥러닝을 이용한 인공지능 시스템은 큰 발전을 이룩하고 있다.

  이러한 인공지능 분야가 본격적으로 발전하게 된 이유로 빅데이터 시스템과 머신러닝 분야의 발전을 무시할 수 없다. 기존 인공지능의 경우 엄청난 양의 데이터를 처리하는데 소요되는 비용 과 처리 속도의 저하가 가장 큰 문제였다. 하지만 최근 빅데이터 시스템이 등장하며 이러한 문제를 손쉽게 해결했고, 이를 기반으로 머신러닝 분야가 함께 발전하며 인공지능은 새로운 국면을 맞이했다.

  한편, 2010년대 초반에는 학계위주의 연구 성과였으나 후반으로 갈수록 산업계에서 주로 새로운 혁실을 주도하고 빅테크 기업 중심으로 괄목할 수준의 기술 등장 주기가 점점짧아지고 있다. 그리고 GPT-3이후 초거대 AI에 대한 영향력이 지속적으로 증대되고 있고, 주요국들도 AI 주권 차원에서 자국의 언어 모델을 개발하고 있지만, 점차 초거대 AI의 성능을 향상시키기 위한 연구 중심에서 벗어나 점차 초거대 AI 기반 응용 개발 중심으로 전환을 꾀하고 있다.

  앞으로의 인공지능은 AI윤리 원칙을 발표하는 것을 넘어 기술적, 실무적인 수준의 AI윤리 연구 확대 및 논의가 활발해지고 있다. 그리고 AI 서비스 관련 산업뿐만 아니라 AI 고위험 리스크 전문기업들이 등장하고 있어 AI윤리를 기술로 측정할 수 있는 방법, 리스크에 대응하는 기술체계 확보에 중점을 두고 있다. 앞으로의 인공지능 기술 우위는 국제패권을 좌우하는 시대가 도래 하므로, 주요 각국에서 AI 분야 리더십 확보를 위해 소리 없는 전쟁이 계속 될 전망이다.[2][3]

다. 인공지능의 분류[4]

인공지능을 발전 단계와, 산업 단계별로 구분해보면 다음과 같이 구분할 수 있다.

① 발전 단계

맥킨지(Mckinsey)에 따르면 인공지능 발전 단계는 약한 인공지능, 강한 인공지능, 슈퍼 인공지능 3단계로 나누어서 볼 수 있으며, 현재 인공지능 기술의 수준은 약한 인공지능 단계에 해당한다.

구분	내용
약한 인공지능	인간과 같은 지능이나 지성을 갖추고 있지는 않으나 특정 목적에 최적화된 알고리즘과 적당한 규칙 등을 설정해 운영되는 시스템적인 인공지능 단계로, 로봇 청소기, 번역 시스템, 알파고와 같이 특정 임무를 수행
강한 인공지능	어떤 문제를 실제로 사고하고 해결할 수 있는 인공지능 단계로 컴퓨터 프로그램이 인간과 같이 생각하고 행동하는 인간형 인공지능을 지칭
슈퍼 인공지능	자아 의식이 있는 단계로, 독립자주적인 가치관, 세계관 등을 소유하고 있으며 해당 단계는 기술 발전 이외에도 생명과학에 대한 전반적이고 깊은 이해가 필요할 것으로 보이는 단계로 현재는 문화작품에만 존재

표 3 인공지능의 발전단계를 통한 분류

② 산업 단계

인공지능산업은 인공지능의 '기본 시스템'을 바탕으로 컴퓨터가 시스템을 활용해 '핵심 기술'을 갖추고, 다양한 산업에 제품으로 '응용'되는 3단계로 나누어 볼 수 있다.

구분	내용
1단계 기본시스템	데이터, 반도체 칩, 감응신호장치, 사물인식 기술, 클라우드 컴퓨팅*
2단계 핵심기술	음성인식, 컴퓨터 비전**, 자연언어처리***, 머신 러닝 등이 있음. 핵심기술을 활용해 듣고, 보고, 이해해 분석과 판단을 통해 스스로 행동할 수 있도록 함.
3단계 응용	인공지능의 하나 또는 다양한 핵심기술들이 의료, 금융, 보안 등 다양한 분야에 응용

표 4 인공지능의 산업단계를 통한 분류

---

2) ECOsight, ETRI, 2015
3) NIA한국지능정보사회진흥원(2022)「현대 인공지능의 역사적 사건 및 산업·사회 변화분석」
4) 중국 인공지능산업 G2로 부상, Kotra, 2017.12.01

Ⅲ. 인공지능의 주요기술

3. 인공지능의 주요기술

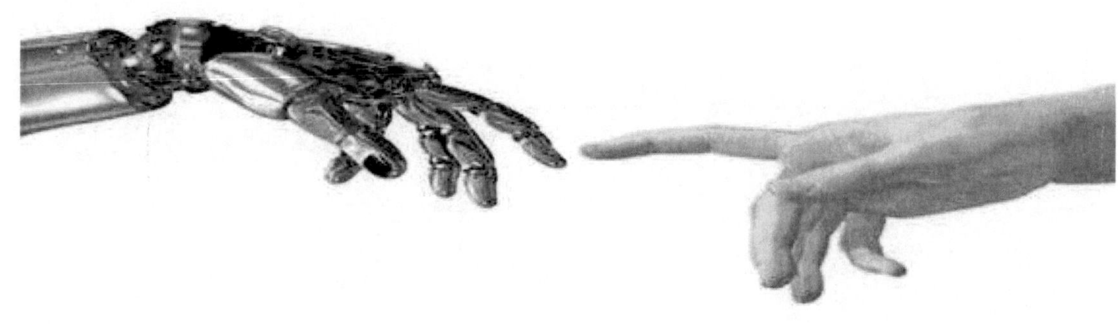

그림 4 인공지능

사용자가 인공지능 시스템의 인터페이스를 통해 질의를 하면 시스템 내부의 추론 엔진에 의해 질의가 처리되는데, 이때 시스템은 기존의 지식을 이용하여 사용자의 질의에 대해 추론하고 인터페이스를 통해서 응답한다. 따라서 진정한 인공지능시스템은 추론엔진, 지식 베이스(규칙 베이스와 데이터베이스 포함), 사용자와의 인터페이스(Human Computer Interface: HCI)를 포함해야 하고 인터페이스의 지능화, 추론 방법의 지능화 등이 모두 갖춘 시스템이라고 볼 수 있다.

일반적으로 인공지능이 적용되기 적합한 영역은 다음과 같다.

① 어떤 절차적인 알고리즘이 존재하지 않고 휴리스틱(Heuristics)한 방법만을 사용할 수 있는 영역
② 소수의 전문가만이 활용하는 대중적이지 못한 영역
③ 주어진 데이터가 불확실성을 내포한 영역
④ 다양한 진단, 추론, 예측시스템 영역
⑤ 지식이 정형적이어서 융통성이 부족한 영역

인공지능 분야에는 3가지의 중점 기술이 존재한다. 이를 '인공지능 3대 주요기술'이라 칭하며, '인식', '학습', '추론'이 이에 속한다. 각각에 대해 살펴보자.

가. 학습

신경회로망(Neural network)은 인간의 뇌를 단순화하여 구현했으며 최근 이것을 발전시켜 딥러닝이 등장했다. 때문에 인공지능의 3대 주요 기술인 '학습'을 이해하기 위해서는 먼저 인간의 뇌를 이해하는 것이 중요하다.

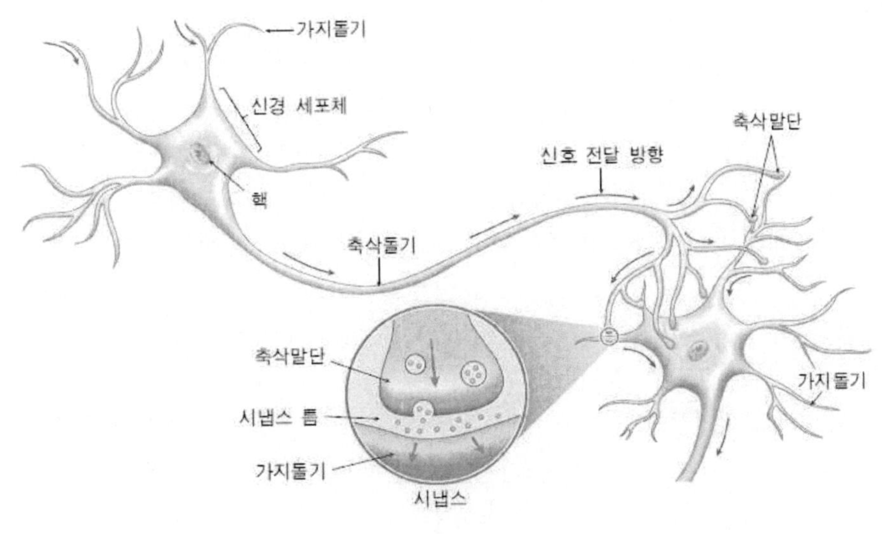

그림 5 뉴런의 구조

인간의 뇌를 구성하는 가장 기본적인 단위는 뉴런(Neuron)이라고 불리는 세포이다. 뇌는 수많은 뉴런들이 연결되어 하나의 망을 이루고 있다고 볼 수 있다. 각 뉴런들은 다른 뉴런들의 축색말단과 연결되어 있는 가지돌기를 통하여 입력신호를 받고 변환과정을 수행한 후 시냅스를 통해 다른 뉴런에게 신호를 전달하는 과정을 통해 정보를 전달하게 된다. (뉴런과 뉴런이 연결될 때, 축색말단과 가지돌기는 연결되는 것이 아니라 20nm의 틈을 두고 맞닿아 있기 때문에 화학물질을 통해 신호를 전달하게 된다. 이때 이 맞닿아있는 부위를 시냅스라고 부르고 20nm의 틈을 시냅스 틈이라고 부른다.) 시냅스는 전달된 신호가 최소한의 자극값보다 큰 경우 활성화되어 다음 뉴런으로 정보를 전달하게 된다. 시탭스를 통한 뉴런들간의 정보 전달 속도는 매우 느리지만 동시에 수많은 뉴런들이 정보를 주고받을 수 있기 때문에 빠른 정보처리가 가능하다.

신경회로망은 연결성 모델(connectionist model), PDP(Parallel Distributed Processing), 또는 뉴로모픽 시스템(neuromorphic systems)이라 불린다. 신경회로망은 인간의 뇌의 구조를 모방한 것으로 신경회로망은 인간의 두뇌가 작동하는 것처럼 동작한다. 먼저, 동시에 수많은 뉴런들이 정보를 주고받는 것처럼 신경회로망 전체가 병렬, 분산적으로 정보의 저장, 처리, 전달을 수행한다. 또한 시냅스를 통해 뉴런이 연결강도를 조절하는 것처럼 인공신경망도 단순한 계산소자의 연결을 통해 서로간의 연결강도를 조절하며 성능을 증가시킨다.

Rumelhart와 McClelland는 신경회로망의 기본 구성 요소를 각 처리기에 대한 출력 함수(output function), 각 처리기간의 연결 패턴(connectivity pattern),처리기(processing units), 전파 규칙(propagation rule), 활성화 규칙(activation rule),활성화 상태(activation state), 학습 규칙(learning rule), 환경(environments) 등 여덟 가지로 제시하였다.

① 처리기(Processing units)

처리기는 신경회로망에서 매우 중요하고 기본적인 단위로, 여러개의 처리기들이 동시에 계산을 수행할 수 있어 PDP(Parallel Distributed Processing)이라고 불리기도 한다. 처리기는 의미를 가지는 가장 작은 단위의 패턴을 나타내는데 여기에는 특징(feature), 글자(letters), 단어(words), 개념(concepts)등이 포함되어 있다. 따라서 한 단위에 하나의 개념이 포함되어있는 One-Unit One-Concept관계가 성립한다.

신경회로망은 대부분 입력(Input unit), 출력(Output unit), 히든(Hidden unit) 3개의 처리기를 가진다. 입력처리기는 시스템의 외부에서 시스템으로 입력을 받아들이는 작업을 수행하며 그때 입력된 데이터는 일련의 작업을 거쳐 히든 처리기로 들어간다. 히든 처리기는 시스템내에 입출력값이 모두 존재하지만, 외부에는 보이지 않는 처리기로 히든 처리기가 존재하지 않는 회로망은 단층 신경망, 단일 또는 다중의 히든 처리기가 존재하는 회로망은 다층 신경망이라고 불린다. 이렇게 입력 처리기와 히든 처리기를 거친 정보는 출력 처리기를 통해 시스템의 외부로 정보를 전달한다.

② 활성화 상태(activation state)

활성화상태는 시스템 상에서 시간에 따른 처리기들의 활성화 패턴을 지칭한다. 처리기들은 연속적이거나 비연속적인 값을 가지게 되는데, 연속적인 경우 0~1사이의 값을 가지게 되고 비연속적인 경우 -1, 0또는 1의 값을 가지게 된다. 활성화 상태를 통해 시간 변화에 따라 시스템 내부의 변화를 쉽게 알아볼 수 있다. 활성화 상태값은 여러 모델에서 다양한 값을 가지게 되된다.

③ 출력 함수(output function)

인간의 뇌속 '시냅스'에서 화학물질을 통하여 정보를 전달하는것과 같이 인공신경망에서 다양한 종류의 처리기는 모두 이웃한 처리기에 신호를 전달하는 공통적인 작업을 수행한다. 이때 이웃한 처리기에 영향을 미치는 정도를 신호의 강도를 통하여 조절하게 되는데, 신호의 강도는 활성화 함수(activation function)을 통해 결정한다. 활성화 함수는 시냅스가 화학물질을 통하여 정보를 전달하는 방법을 모방하여 입력된 값이 임계치보다 작은 경우 출력값을 작게 하고 임계치를 초과하면 출력값을 급격하게 증가시킨다. 주로 계단함수, 시그모이드 함수, ReLU함수를 사용한다.

계단함수는 임계치를 t로 설정했다면 임계치 t보다 작은 경우 0의 값을 가지고 t보다 큰 경우 1값을 가진다. 계단함수는 0 또는 1의 값만을 출력하기 때문에 이진분류나 단층 신경망에서 자주 사용된다.

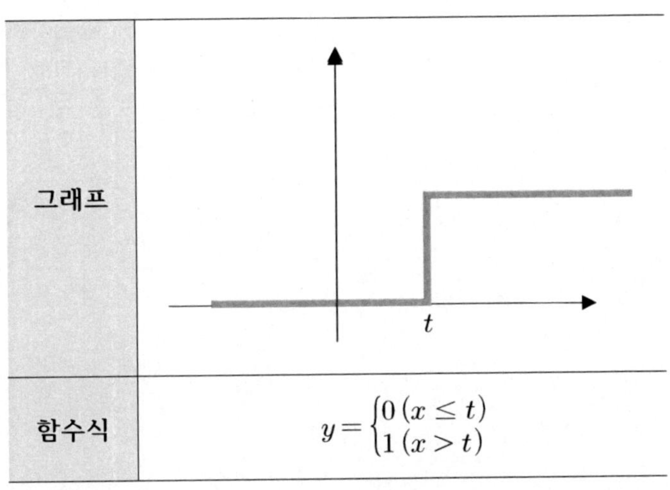

표 5 계단함수의 그래프와 함수식

시그모이드 함수는 로지스틱 함수(logistic function)의 한 종류로, S자 모양의 곡선을 가지고 있다. 0 또는 1만 출력하는 계단함수와 달리 시그모이드 함수는 연속적인 실수값을 출력한다. 또한 미분이 편하기 때문에 많은 경우 계단함수가 아닌 시그모이드 함수를 사용했다. 하지만 값이 커지는 경우 기울기(gradient)가 0에 가까워진다는 문제점이 존재한다.

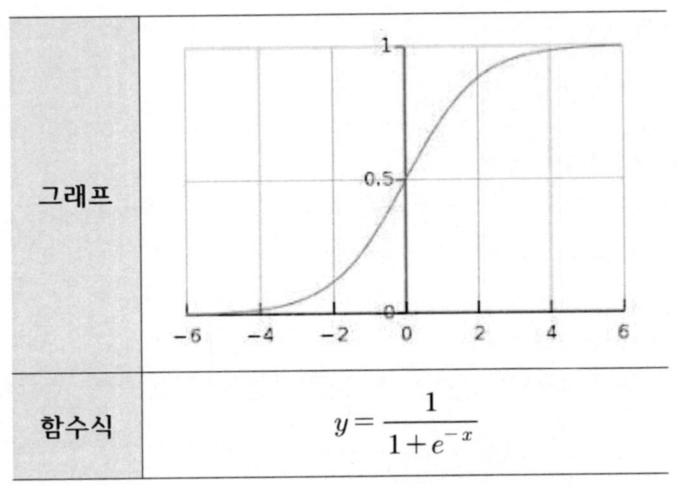

표 6 시그모이드함수의 그래프와 함수식

ReLU(Rectified Linear Unit) 함수는 'Rectified'된 선형 유닛, 즉 정류된 선형 유닛이다. ReLU는 입력값이 0보다 작으면 0을 출력하고, 0보다 큰 경우 입력값 자체를 내보낸다. 기존에 자주 사용하던 시그모이드 함수는 값이 커지거나 반복적으로 사용하는 경우 기울기(gradient)가 0에 가까워지기 때문에 최근 ReLU를 많이 사용하고 있다. 하지만 입력이 0이되는 경우 값의 변화가 없이 0으로 남을 수 있다는 문제점이 있다. 따라서 이를 해결하기 위하여 최근 0보다 작은 영역에서 0이 아닌 매우 작은 값에 비례하는 값을 가지도록 하는 Leaky ReLU를 사용하기도 한다.

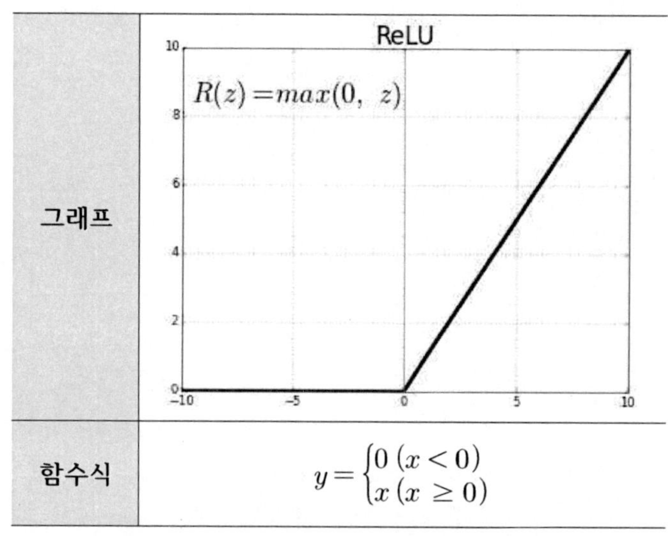

그래프	
함수식	$y = \begin{cases} 0 \ (x < 0) \\ x \ (x \geq 0) \end{cases}$

표 7 ReLu함수의 그래프와 함수식

④ 연결 패턴(connectivity pattern)
연결 패턴은 각 처리기간의 연결 패턴을 의미하며, 시스템이 임의의 처리기에 대하여 어떻게 반응하는지를 나타낸다. 연결 패턴에서는 가중치(weight)를 가지며 가중치 값에 따라 반응의 정도가 증가한다.

⑤ 전파 규칙(propagation rule)
전파 규칙은 어떤 한 처리기의 출력을 이용하여 연결된 처리기의 입력값을 생성하기 위하여 가중치와 출력값을 결합화 하는 규칙이다.

⑥ 활성화 규칙(activation rule)
활성화 규칙은 특정 처리기에 들어오는 입력값들을 조합하여 새로운 상태를 생성하는 규칙이다.

⑦ 학습 규칙(learning rule)

학습 규칙은 인접한 처리기 사이의 연결 강도를 변화시키는 것이다. 신경회로망에서 한 처리기의 지식 변화는 인접된 다른 처리기에도 변형을 주며, 기존 연결의 강도 수정으로 이루어진다. 이러한 연결 강도는 경험적으로 변형되며 대표적인 것은 1949년 제안된 헤브(Hebb)의 학습 규칙(Hebbian learning rule), 1958년 제안된 델타 규칙(Delta Rule), 1976년 그로스버그(Grossberg)에 의해 제안된 인스타 규칙(INstar rule)등이 있다.

헤브의 학습 규칙은 만약 어떤 세포가 활성화되었을 때, 다른 세포도 함께 활성화된다면 두 세포간의 연결 가중치를 증가 시켜주어야 한다는 아이디어에서 시작되었다.

$$W_{ij}^{new} = W_{ij}^{old} + \alpha a_i b_j$$

W_{ij}^{new}	: 신경세포 i, j사이의 조절된 후 연결 가중치
W_{ij}^{old}	: 신경세포 i, j사이의 조절되기 전 연결 가중치
α	: 학습률 $(0 < \alpha \leq 1)$
a_i	: 신경세포 i의 활성값
b_j	: 신경세포 j의 활성값

표 8 헤브의 학습규칙

위의 표는 헤브의 학습규칙을 간단하게 나타내고 있다. 먼저 새로운 연결 가중치 W_{ij}^{new}는 이전의 연결 가중치 W_{ij}^{old}에 0과 1사이의 학습률 α 그리고 각 신경세포의 활성값의 곱을 합하여 결정된다. 이때, 각 세포의 활성값을 0또는 1로, 학습률을 1로 결정하면 새로운 연결 가중치는 다음과 같이 결정된다.

a_i	b_i	α	W_{ij}^{new}
0	0	1	W_{ij}^{old}
0	1	1	W_{ij}^{old}
1	0	1	W_{ij}^{old}
1	1	1	$W_{ij}^{old} + 1$

표 9 헤브의 학습규칙에 따른 새로운 연결 가중치의 계산

즉, 신경세포 i가 활성화 되었을 때, j도 동시에 활성화가 되었다면 새로운 가중치가 생성되고, 그 외의 경우에는 이전의 가중치를 그대로 유지하게 된다.

델타규칙은 어떤 세포가 활성화되었을 때, 다른 세포가 잘못된 값을 가진다면 두 세포간의 연결 가중치를 조절해 주어야 한다는 아이디어에서 시작되었다. 따라서 델타규칙은 신경세포의 활성 값과 목적패턴 사이의 오차에 비례하여 가중치를 조절하게 된다. 그러므로 델타규칙을 사용하기 위해서는 답을 알고 있는 데이터를 사용하여 학습을 진행해야 한다는 한계점이 존재한다.

$$W_{ij}^{new} = W_{ij}^{old} + \alpha e_j a_i$$

W_{ij}^{new}	: 신경세포 i,j사이의 조절된 후 연결 가중치
W_{ij}^{old}	: 신경세포 i,j사이의 조절되기 전 연결 가중치
α	: 학습률 $(0 < \alpha \leq 1)$
e_j	: 신경세포 j의 오차
a_i	: 입력층 신경세포 i의 활성값
t_j	: 목적 패턴의 출력층 신경세포 j에 대응하는 성분값
b_j	: 출력층 신경세포 j의 활성값

표 10 델타규칙

위의 표는 델타규칙을 간단하게 나타내고 있다. 먼저 새로운 연결 가중치 W_{ij}^{new}는 이전의 연결 가중치 W_{ij}^{old}에 0과 1사이의 학습률 α 그리고 오차와 입력층 신경세포의 활성 값의 곱을 합하여 결정된다. 이때, 각 세포의 활성 값과 목적패턴을 0또는 1로, 학습률을 1로 결정하면 새로운 연결 가중치는 다음과 같이 결정된다.

t_j	b_j	e_j	a_i	α	W_{ij}^{new}
1	1	0	1	1	W_{ij}^{old}
			0	1	W_{ij}^{old}
1	0	1	1	1	$W_{ij}^{old}+1$
			0	1	W_{ij}^{old}
0	1	-1	1	1	$W_{ij}^{old}-1$
			0	1	W_{ij}^{old}
0	0	0	1	1	W_{ij}^{old}
			0	1	W_{ij}^{old}

표 11 델타규칙에 따른 새로운 연결 가중치의 계산

즉, e_j의 값이 0인 경우는 목적패턴의 값이 일치하기 때문에 가중치를 조정해 주지 않아도 되며 a_i가 0인 경우 또한 입력값이 출력값에 영향을 주지 않기 때문에 가중치를 조장할 필요가 없다. 하지만, e_j가 0이 아니고 a_i의 값이 0이 아닌 경우는 목적패턴의 값이 일치하지 않는 오류가 발생하며 입력값이 출력 오류에 영향을 주고 있기 때문에 가중치를 조정해 주어야 한다.

인스타 규칙은 어떤 세포가 특정 연결을 자극하는 경우 그 연결 가중치를 자극값과 같아지도록 조정한다는 아이디어에서 시작되었다. 이전의 델타규칙은 목표로하는 목적패턴의 값을 알고 있어야 하는 단점이 존재했지만 인스타규칙은 목표로 하는 목적패턴의 값을 사용하지 않는다는 장점이 있다.

$$W_{ij}^{new} = W_{ij}^{old} + \alpha(a_i - W_{ij}^{old})$$

W_{ij}^{new}	: 신경세포 i,j사이의 조절된 후 연결 가중치
W_{ij}^{old}	: 신경세포 i,j사이의 조절되기 전 연결 가중치
α	: 학습률 $(0 < \alpha \le 1)$
a_i	: 입력층 신경세포 i의 활성값

표 12 인스타규칙

위의 표는 인스타규칙을 간단하게 나타내고 있다. 먼저 새로운 연결 가중치 W_{ij}^{new}는 이전의 연결 가중치 W_{ij}^{old}에 0과 1사이의 학습률 α와 입력층 신경세포의 활성값과 이전 연결의 가중치의 차의 곱을 합하여 결정된다. 이때, 입력층 세포의 활성값을 0또는 1로, 학습률을 1로 결정하면 새로운 연결 가중치는 다음과 같이 결정된다.

a_i	$a_i - W_{ij}^{old}$	α	W_{ij}^{new}
1	$1 - W_{ij}^{old}$	1	1
0	$0 - W_{ij}^{old}$	1	0

표 13 인스타규칙에 따른 새로운 연결 가중치의 계산

위의 표를 살펴보면 W_{ij}^{new}의 값은 a_i의 값과 같은 값을 가지는 것을 볼 수 있다. 따라서 인스타 규칙을 사용하는 경우 학습이 진행될수록 가중치는 각 신경세포에 영향을 주는 인접한 신경세포의 활성값과 유사해져 간다는 것을 유추할 수 있다.

⑧ 환경(environments)

신경회로망 모델에서 환경이란 입력패턴에 대해 시간이 변화하는 확률론적인 함수를 나타낸다.

여기까지 Rumelhart와 McClelland이 정의한 신경회로망의 기본 구성 요소를 살펴보았다. 신경회로망의 성능은 '얼마나 학습을 잘 시켰는지'가 결정한다고 해도 무방하다. 그렇다면 신경회로망을 학습시키기 위한 방법에는 어떤 것이 있을까?

신경회로망을 학습시키기 위해서는 어떠한 기준이 필요하다. 신경회로망을 학습시킨다는 것은 신경회로망의 결과를 평가 기준에 의해 평가하고, 그 결과를 피드백하여 가중치를 조절하는 것을 뜻한다. 신경회로망을 학습시키는 방법은 크게 지도학습(Supervised Learning)과 비지도학습(Unsupervised Learning)으로 나눌 수 있다.

지도학습은 레이블(답)과 데이터를 함께 이용하여 컴퓨터를 학습시키고, 비지도학습은 데이터만을 주어 컴퓨터가 스스로 학습할 수 있도록 하는 것이다. 10만개의 과일 사진을 이용하여 기계를 학습시킨다고 가정한다면 지도학습의 경우 사람이 직접 과일의 종류를 레이블로 작성한 후 과일 사진과 함께 컴퓨터에 제공하고 비지도학습의 경우 과일사진만을 제공한다. 지도학습은 레이블이 붙어있는 데이터를 이용하기 때문에 데이터를 정확하게 구별할 수 있는 하나의 함수를 찾아내기 위한 방법으로 주로 사용되어 왔으며 Support Vector Machine, Linear Regression등 다양한 기법을 사용한다.

지도학습은 크게 예측과 분류로 나눌 수 있다. 예측은 레이블이 달려있는 데이터를 이용하여 하나의 선형모델, 즉 미래의 데이터를 예측하기 위한 모델을 만드는 것으로 주식, 집값의 변동예측과 같은 분야에 사용된다. 분류는 이후 들어오는 새로운 데이터를 기존 데이터를 기반으로 분류하는 분류기를 만드는 것으로 필기 인식과 같은 분야에 사용된다. 하지만 사람이 직접 데이터에 레이블을 달아야 하므로 비용과 소요시간이 증가하고 데이터의 양이 적다는 문제점이 존재한다.

비지도학습은 레이블이 붙어있지 않은 데이터를 이용하기 때문에 비슷한 특징을 가진 데이터를 군집화, 즉 데이터사이의 관계를 찾아 비슷한 특징을 가진 데이터들을 하나의 군집으로 정의하기 위해 사용된다. 사용자의 구매패턴을 분석한 후, 비슷한 패턴을 가진 사람들의 정보를 이용하여 물품을 추천하는 등 최근 다양한 분야에서 사용되고 있으며 K-means, DBSCAN과 같은 기법을 사용한다.

신경회로망은 크게 단층 신경회로망과 다층 신경회로망으로 나눌 수 있다. 위에서 간단히 히든 처리기의 유무에 따라 단층 신경회로망과 다층 신경회로망으로 분리하였으나, 좀 더 자세히 단층과 다층 신경회로망의 동작원리에 대하여 알아보도록 하겠다.

① 단층 신경회로망
단층 신경회로망은 히든 처리기가 존재하지 않고 입력 처리기와 출력 처리기만으로 이루어져 있는 신경회로망을 말한다.

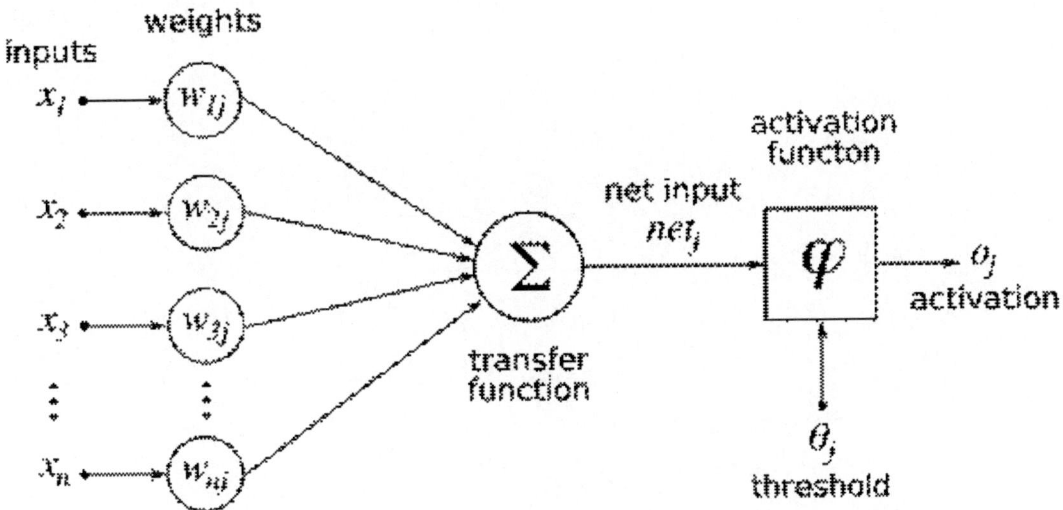

그림 7 단층 신경회로망의 구조

먼저 신경회로망에 n개의 입력값이 들어온다. 이 입력값들은 각각의 연결 가중치를 가지고 있으며 각각의 신호에 해당 가중치가 곱해져 transfer function으로 전달된다. 이때, 입력값 중 하나는 바이어스(bias)로 사용한다. 바이어스는 가중치와 함께 신경망이 정보를 저장하는 데 관여하는 변수로, 입력받지 않고 고정된 값을 사용한다. Transfer function에서는 해당 값들을 모두 더하는 작업을 한다. 즉, transfer function에서 수행하는 일은 다음과 같다.

$$\sum x_1 w_{1j} + x_2 w_{2j} + ... + x_n w_{nj} = \sum_{i=1}^{n} x_i w_{ij}$$

수식 1 Transfer function

Transfer function을 통해 더해진 값을 가중합(weighted sum)이라고 하고, 가중합은 일정크기의 threshold와 함께 활성함수(activation function)으로 입력된다. 이후 활성함수를 거쳐 활성값이 출력되는 것이 신경회로망의 작동이며, 출력값과 목표로 하는 값의 차이가 일정수준 이상일 때, 합습률(learning rate)를 이용하여 가중치를 변화시키는 것을 학습이라고 한다.

쉬운 이해를 위해 OR 연산이라는 간단한 예시를 통해 신경회로망을 직접 학습시켜 보도록 하자.

먼저 OR연산에 대한 학습 데이터는 다음과 같다.

OR		
x_1	x_2	t
0	0	0
1	0	1
0	1	1
1	1	1

표 14 OR연산 학습데이터

OR연산을 위해 사용할 신경회로망과 각 단계의 수식들은 다음과 같다.

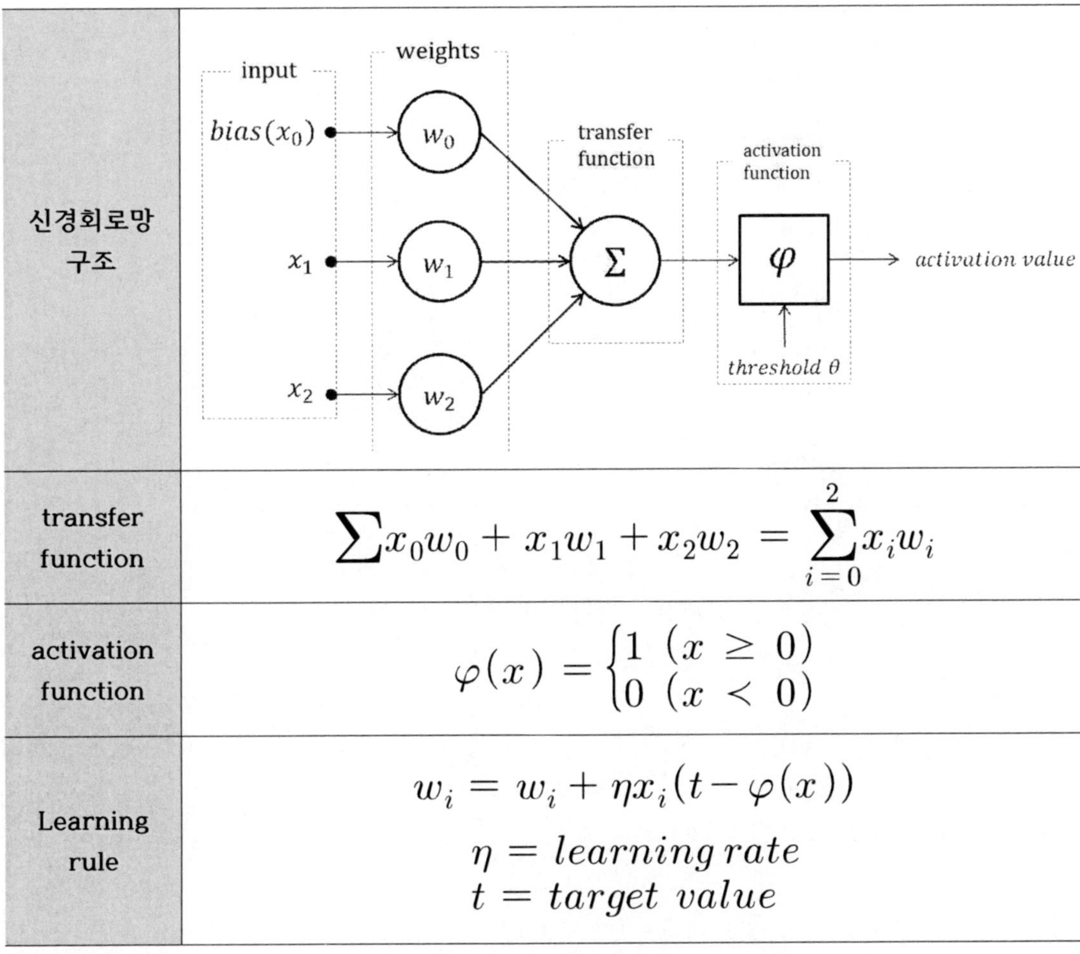

신경회로망 구조	
transfer function	$$\sum x_0 w_0 + x_1 w_1 + x_2 w_2 = \sum_{i=0}^{2} x_i w_i$$
activation function	$$\varphi(x) = \begin{cases} 1 & (x \geq 0) \\ 0 & (x < 0) \end{cases}$$
Learning rule	$$w_i = w_i + \eta x_i (t - \varphi(x))$$ $$\eta = learning\ rate$$ $$t = target\ value$$

표 15 OR연산을 위한 신경회로망과 각 단계의 수식

먼저 가중치는 -0.5~0.5사이의 임의의 값으로 초기화 한다. 이때, 바이어스는 -1로 초기화한다.

		초기화값
가중치	w_0	0.4
	w_1	0.5
	w_2	0.3
바이어스	x_0	-1
학습률	η	0.05
threshold	θ	0

표 16 신경회로망 초기화 값

가장 먼저 학습데이터 $x_1 = 0$, $x_2 = 0$, $t = 0$을 입력하면 다음과 같다.

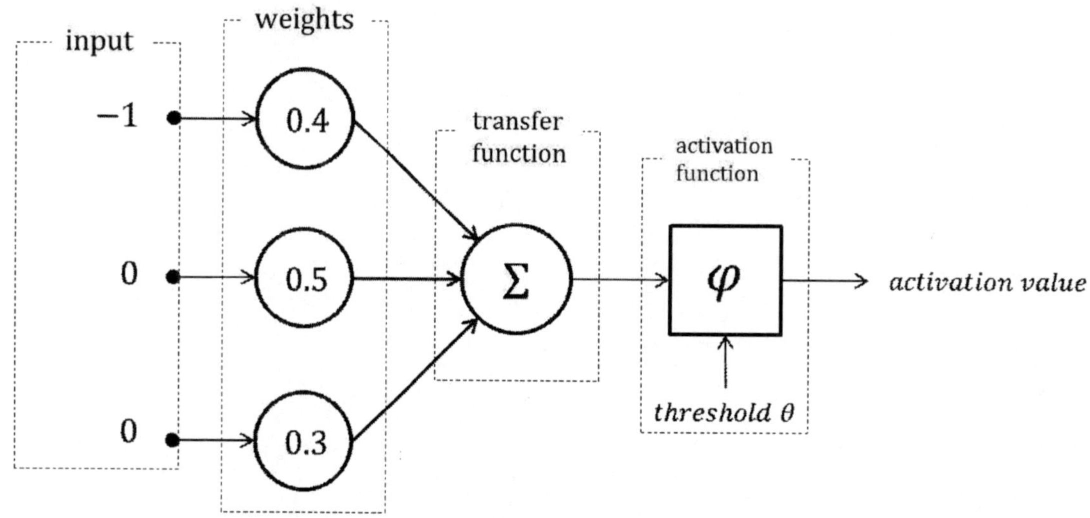

그림 8 단층신경회로망 학습과정

각 입력은 가중치와 곱해져 transfer function을 통해 -1×0.4 + 0×0.5 + 0×0.3 = -0.4 로 계산된 후, activation function으로 입력된다. -0.4는 threshold인 0보다 작기 때문에 0값을 출력하게 된다. 이는 기댓값인 0과 동일하므로 가중치를 수정하지 않고 다음 학습데이터를 입력한다.

다음 학습 데이터인 $x_1 = 1$, $x_2 = 0$, $t = 1$을 입력하면, -1×0.4 + 1×0.5 + 0×0.3 = 0.1로 계산되고 이는 threshold인 0보다 크기 때문에 1을 출력한다. 이 또한 기댓값인 1과 동일하므로 가중치를 수정하지 않고 다음 학습데이터를 입력한다.

다음 학습데이터인 $x_1 = 0$, $x_2 = 1$, $t = 1$을 입력하면, -1×0.4 + 0×0.5 + 1×0.3 = -0.1로 계산되고 이는 threshold인 0보다 작기 때문에 0을 출력한다. 이 경우 기댓값인 1과 동일하지 않기 때문에 학습단계를 거쳐 가중치를 수정한다.
가중치는 learning rule을 통해 수정된다.

$$w_0 = w_0 + \eta x_0(t - \varphi(x)) = 0.4 + 0.05 \times -1(1-0) = 0.35$$
$$w_1 = w_1 + \eta x_1(t - \varphi(x)) = 0.5 + 0.05 \times 0(1-0) = 0.5$$
$$w_2 = w_2 + \eta x_2(t - \varphi(x)) = 0.3 + 0.05 \times 1(1-0) = 0.35$$

마지막 학습 데이터인 $x_1 = 1$, $x_2 = 1$, $t = 1$을 입력하면, 수정된 가중치가 적용되어 -1×0.35 + 1×0.5 + 1×0.35 = 0.5로 계산되고 이는 threshold보다 크기 때문에 1을 출력한다. 이 경우 기댓값인 1과 동일하므로 가중치를 수정하지 않는다.

　가중치가 수정되었기 때문에 다시 한 번 모든 학습 데이터를 입력하면, 모든 학습데이터에 대하여 출력값과 목표값이 모두 같으므로 학습을 종료한다. 따라서 OR연산을 올바르게 수행한 신경회로망의 가중치는 다음과 같다.

	결과값	
	w_0	0.35
가중치	w_1	0.5
	w_2	0.35
바이어스	x_0	-1
학습률	η	0.05
threshold	θ	0

표 17 신경회로망 결과값

② 다층 신경회로망

 위에서 살펴본 단층 신경회로망은 선형분리를 하기 때문에 해결할 수 없는 문제가
존재한다. 대표적인 문제로는 1969년 소개된 XOR(exclusive OR)문제가 있다. OR연
산과 다르게 XOR연산은 입력값 중 1개만 1값을 가질 때 1을 출력한다. 좌표평면에
서 살펴보면 다음과 같다.

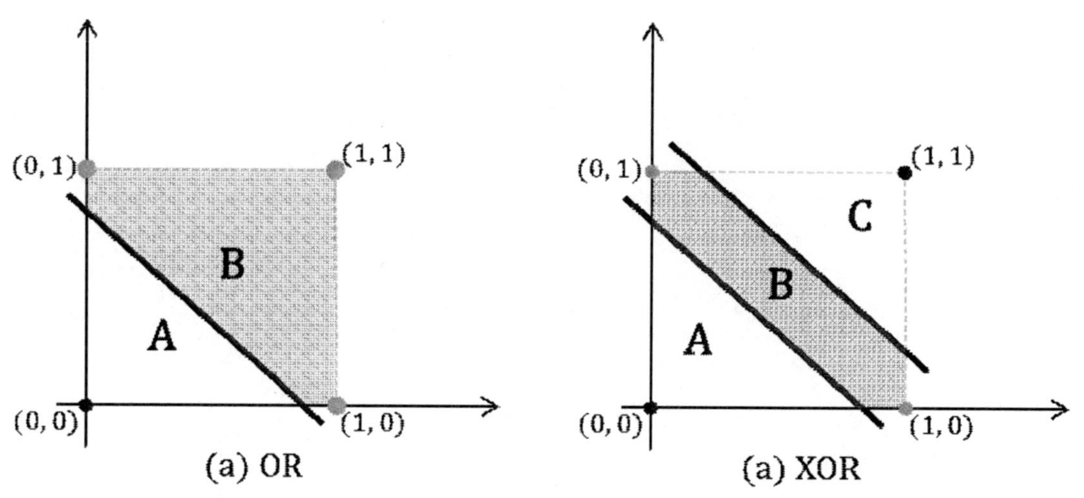

그림 9 다층 신경회로망의 예

 OR연산의 경우, A는 0값을, B는 1값을 가지도록 이진 분류를 수행하여 해결할 수
있지만, XOR연산은 A, C는 0값을, B는 1값을 가지도록 분류를 수행해야 하므로 선
형분리만 가능한 단층 신경회로망으로는 분리가 어렵다. 따라서 이를 해결하기 위해
서 단층 신경회로망에 히든 처리기를 추가한 것이 바로 다층 신경회로망이다.

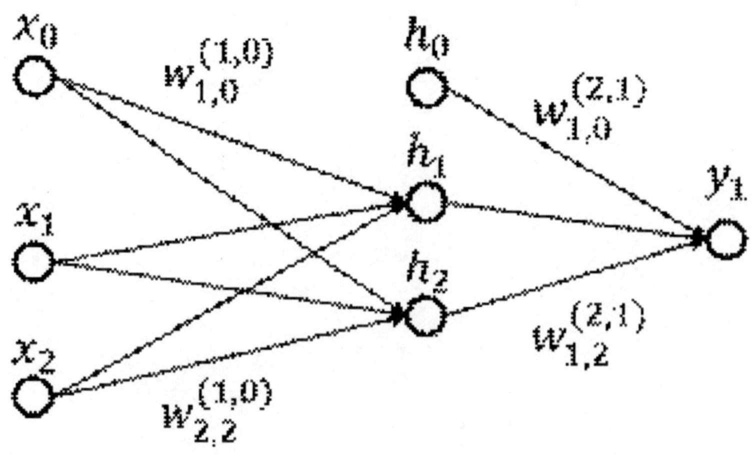

그림 10 다층 신경회로망의 구조

다층 신경회로망은 단층 신경회로망과 달리 히든층(은닉층)이 있다. 단층 신경회로망의 경우 출력층과 입력층을 연결하는 가중치를 기댓값과 출력값을 이용하여 학습시킬 수 있었지만, 다층 신경회로망의 경우 기댓값과 출력값을 이용하여 히든층과 입력층, 출력층과 히든층 사이의 가중치를 학습시켜야 하는데, 은닉층의 기댓값을 정의할 수 없는 문제점이 발생한다. 따라서 다층 신경회로망의 경우 신경망의 처리방향과 반대로 진행하며 가중치를 학습시키는 역전파방식을 사용한다. 대부분의 다층 신경회로망은 역전파 방식중 대표적인 기법인 delta-rule을 사용한다. Delta-rule은 경사하강법(gradient descent method)방식의 일종으로 편미분을 이용한다.

다층 신경회로망과 단층 신경회로망의 차이는 활성화 함수에서도 나타나는데, 계단함수를 사용하던 단층 신경회로망과 달리 다층 신경회로망은 미분이 가증한 sigmoid함수나 tanh함수를 이용한다.

③ 딥러닝

딥러닝은 다층 신경회로망의 일종으로, 기존 신경망의 overfitting, local minimum과 같은 문제점을 개선하여 더 높은 성능을 보여주고 있다. 즉, 기존의 신경회로망에서는 아래 그림의 빨간색과 파란색의 두 패턴을 단일 선(decision boundary)으로 분류할 수 없었다면, 딥러닝에서는 데이터 공간을 구부리고 휘고 회전시키는 방법을 사용하기 때문에 공간상 두 개의 패턴이 단일 선으로도 충분히 분류될 수 있다.

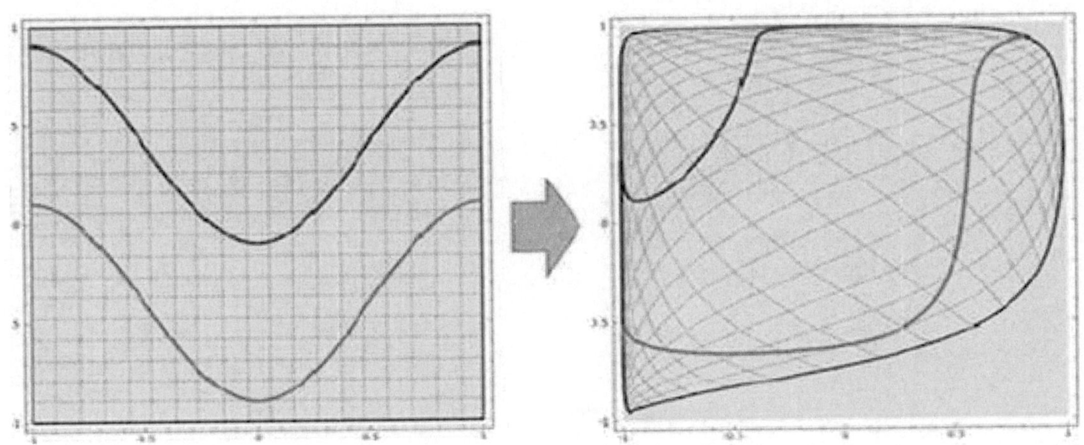

그림 11 딥 러닝 패턴분류 방법

나. 추론

① 퍼지이론 (Fuzzy Theory)

퍼지이론은 1965년 로트피 자데(Lotfi Zadeh)교수가 논문을 발표하며 세상에 등장하였다. 이후 자데교수는 1973년 시스템 자동제어에 퍼지이론을 응용할 수 있다는 의견을 냈고, 1974년 맘다니(Mamdani)교수가 스팀 엔진 제어에 응용하며 실용 가능성을 보였다. 이후 1990년부터 퍼지이론은 가전제품부터 생산설비의 제어와 문자인식 음석인식등 다양한 범위에서 사용되고 있다.

'나는 얼마나 예쁜가?' 혹은 '나는 얼마나 멋진가?'와 같은 질문에서 '얼마나 예쁜지', '얼마나 멋진지'와 같은 추상적인 언어를 0과 1만으로 표현하기에는 한계가 있다. 0과 1을 이용해서는 이쁜지, 이쁘지 않은지와 같은 이진 분류는 가능하지만 정도를 나타낼 수 없다. 이러한 이진 논리의 한계를 극복하기 위하여 퍼지 이론은 이쁘고 멋진 정도를 0, 0.2, 0.4, 0.6, 0.8, 1과 같은 실수값을 통하여 나타낸다. 이처럼 퍼지 이론은 애매모호한 인간의 언어를 컴퓨터 언어로 표현하고자 하는 이론으로 '애매한', '흐린'이라는 뜻을 가진 '퍼지(fuzzy)'라는 단어를 사용하였다.

② 퍼지 제어 (Fuzzy Control)

퍼지 제어는 퍼지 규칙으로 구성된 제어를 의미한다. 퍼지제어는 크게 퍼지화, 퍼지 추론, 비퍼지화(역퍼지화)로 나눌 수 있다.

(1) 퍼지화

퍼지화는 제어 시스템에서 측정된 정확한 값들을 퍼지규칙에 의해 각각의 언어값과 소속함수로 바꾸는 과정이다. 이때, 입력된 문장안의 모든 수치값(측정된 정확한 값)들은 정확한 값 또는 유일한 값이라고 한다. 반대로 애매한 값, 즉 퍼지값은 부정확하고 여러 가지로 해석이 가능하며 다른 값이 이와 연관된다.

예를 들어 '키가 180cm 이상인 사람을 키가 큰 사람'이라고 정의한다고 가정하자. 그렇다면 179cm인 사람은 이진논리에 따르면 키가 큰 사람이 아니게 된다. 하지만, 일반적으로 179cm인 사람을 우리는 거의 키가 큰 사람에 속한다고 본다. 이렇듯 어떤 한 원소(키가 179cm인 사람)이 어느 집합(키가 큰 사람)에 소가는 정도를 표현하는 것이 퍼지논리 표현법이다.

그렇다면 '방의 온도가 30도 이상이라면 에어컨을 켜라'라는 제어문이 들어왔다고 가정해보자. 이 제어문은 방의 온도가 30도 이상이라면 에어컨을 작동시킨다. 하지만 만약 방의 온도가 29.9도라면 에어컨은 작동을 하지 않거나, 작동을 멈추게 된다. 이 제어문의 융통성을 향상시키기 위해서는 제어문을 추가시키는 방법이 있다. 하지만 조건이 변화하는 경우에 대한 제어문을 모두 작성하기는 어렵다.

따라서 방의 온도를 온도의 범위의 집합으로 나눈 후, 집합의 값을 할당하게 된다. 만약 차가움, 따뜻함, 뜨거움, 매우 뜨거움과 같은 4개의 집합으로 온도의 범위를 나누면 집합과 집합의 값은 다음과 같이 나타낼 수 있다.

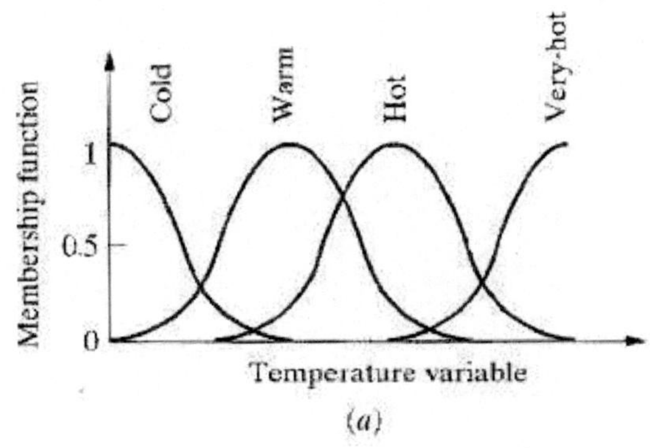

그림 12 온도의 집합에 따른 집합값

하지만 위와 같은 종모양의 곡선을 구현하는 것은 어렵기 때문에 주로 상대적으로 쉬운 삼각형 형태로 근사화를 시켜 사용한다.

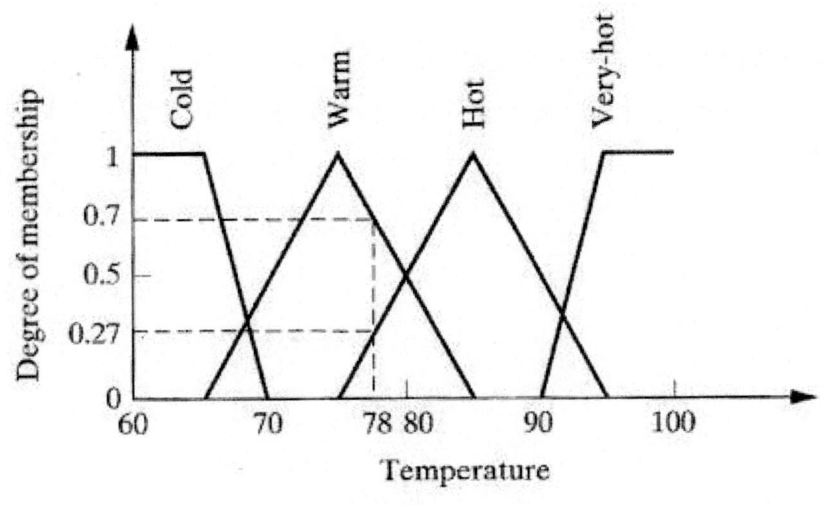

그림 13 온도에 대한 퍼지집합

(2) 퍼지 추론

 퍼지추론이란 퍼지집합을 이용하여 주어진 입력을 출력에 대응시키는 과정이다. 추론 방법에는 여러 가지가 있지만 가장 기본적이며 많이 사용하는 것은 Max-Min CRI 방법으로 Mamdani가 제안한 최소 연산법칙(mini-operation)을 사용하며, 합성 기호로 *Max, Min* 연산을 이용하는 방식이다.

 Max-Min CRI 방법은 직접법(direct method) 또는 Zadeh의 추론 방법이라고도 한다. Max-Min CRI 방법은 규칙 베이스에 규칙이 IF X is A THEN Y is B 형태로 있어서 규칙 베이스의 모든 규칙들은 Π_x, Π_y 형태의 가능성 분포로 표현될 경우, 입력 사실 A'에 대한 추론 결과 B'를 구하기 위한 추론 방법이다.

$$IF\ X\ is\ A\ THEN\ Y\ is\ B \Rightarrow IF\ \Pi_X = \mu_A\ THEN\ \Pi_Y = \mu_B$$

$$B' = A' \cdot (A \rightarrow B)$$

$$= A' \cdot R$$

그림 14 인공지능 추론결과 생성 식

 이 식은 한 규칙에서 추론 결과 B'를 생성하는 의미를 가진 표현이지만 동시에 퍼지 추론 방법의 전체적 개요를 보여주는 식이기도 하다. R 은 Zadeh가 제안한 행렬 형태로 나타내기도 하며 대부분 행렬 형태가 아닌 경우로서 다음의 과정에 의해 결정된다. 이 식의 $A \rightarrow B$ 연산을 위해 몇 개의 단계를 거친 후 비퍼지화 과정에 의해 수치화된 비퍼지 값을 산출한다.

(3) 비퍼지화

 비퍼지화는 역퍼지화라고도 하며 퍼지 출력의 보통의 수치로 변환시키는 과정을 말한다. 즉, 비퍼지화는 퍼지 출력값을 실제로 사용하기 위하여 같은 정도를 가지는 정확한 값으로 변환하는 것이다. 비퍼지화 방식에는 다양한 방식이 있어 사용에 맞게 사용할 수 있다. 본 장에서는 무게중심법에 대하여 알아보도록 하자.

 무게 중심법은 출력된 퍼지 집합의 소속함수로부터 출력데이터의 무게중심을 구하는 방식으로, 평균을 구하는 방식과 비슷한 계산식을 가지고 있다.

$$y^* = \frac{\sum \mu(y_i)x_i}{\sum \mu y_i}$$

수식 32 무게중심법

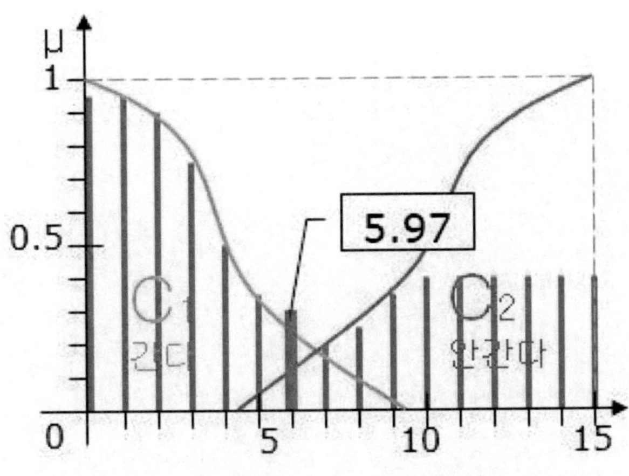

그림 15 무게중심법 예제

　만약 위와 같은 퍼지집합이 구해졌다면, 무게중심법을 이용한 비퍼지화 과정은 다음과 같다.

$$y^* = \cfrac{(0.95*0)+(0.95*1)+(0.88*2)+ \ldots +(0.4*13)+(0.4*14)+(0.4*15)}{(0.95+0.95+0.88+ \ldots +0.4+0.4+0.4)} = \cfrac{46.76}{7.83} = 5.97$$

수식 33 무게중심법 계산 과정

따라서 위의 퍼지집합의 비퍼지값은 5.97이 된다.

다. 인식

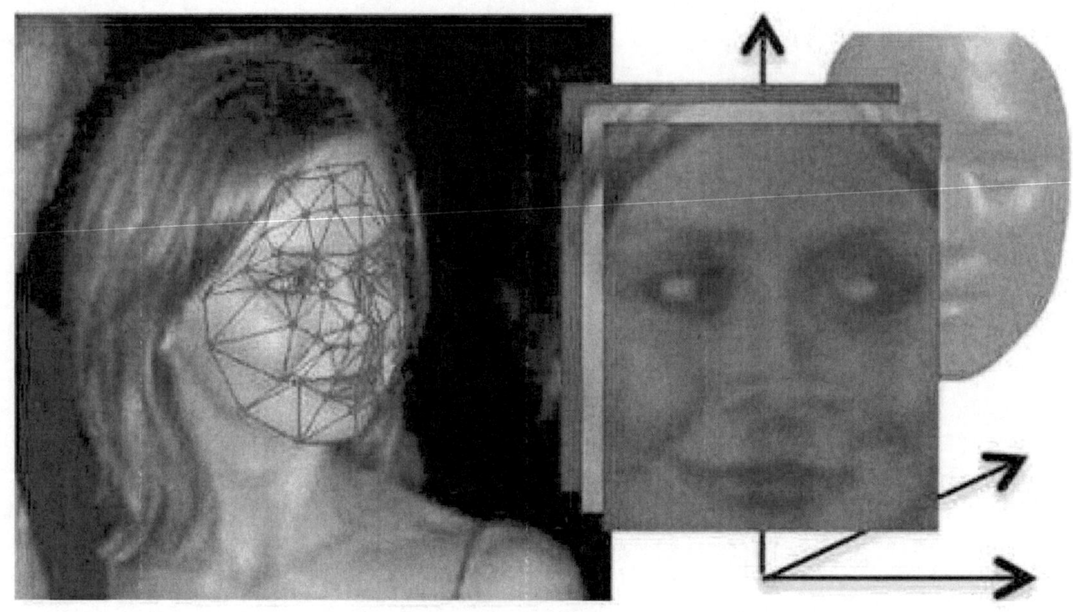

그림 16 인식

인식은 학습을 바탕으로 새로운 자료나 불확실한 자료가 주어졌을 때 추론을 통해 알아차리는 과정이며 그 결과를 표출하는 과정까지 포함한다. 인공지능에서는 다양한 인식 기술들이 있으며, 기본적으로 인식을 위한 단위를 패턴(pattern)이라고 하고, 하나의 패턴은 하나의 유니트나 개념을 표현한다.

대표적인 패턴으로는 글자인식, 개인성향인식, 상황인식, 영상인식, 음성인식, 위치인식 등이며 미래예측, 결과예측 등과 같은 패턴도 인식의 범위에 포함시킬 수 있다. 본 장에서는 딥러닝이 물체를 인식하는 방식에 대하여 알아보도록 하자.

일반적으로 컴퓨터는 꽃과 나무 사진을 주었을 때, 둘을 구분하지 못한다. 컴퓨터가 꽃과 나무를 구분할 수 있게 하기 위해서는 다양한 꽃과 나무의 사진을 가지고 컴퓨터가 스스로 꽃과 나무를 분류할 수 있도록 훈련을 시켜야 하는데, 우리는 이를 '기계학습(machine learning)이라고 한다.

딥러닝은 기계학습의 한 분야로, 컴퓨터가 사람처럼 사고하도록 만드는 기술이다. 그렇다면 딥러닝은 어떻게 물체를 인식하는 것일까?

딥러닝은 많은 층으로 구성되어 있는데 이때 입력층에 가까운 층에서는 선이나 색과 같은 단순한 패턴을 발견하고, 출력층에 가까운 층일수록 모양이나 추상적인 패턴을 발견하도록 학습되어 수많은 데이터 속에서 패턴을 발견, 객체를 분류할 수 있다.

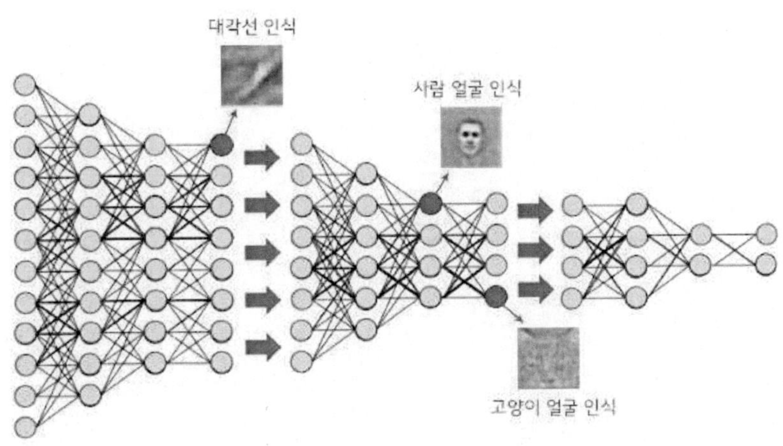

그림 17 딥러닝의 패턴 인식

딥러닝은 데이터가 주어지는 경우 스스로 데이터에서 특징을 추출하기 때문에 사람이 생각한 특징을 이용해 훈련하는 것이 아니라, 주어진 데이터 자체에서 중요한 특징을 이용하여 훈련한다. 즉, 처음부터 끝까지 기계가 학습하기 때문에 사람이 개입함으로써 생길 수 있는 오류를 줄일 수 있다.

그렇다면 딥러닝이 물체를 인식하는 단계를 좀 더 자세히 컨볼루션 뉴럴넷(CNN; Convolutional Neural Network)을 이용하여 살펴보자.

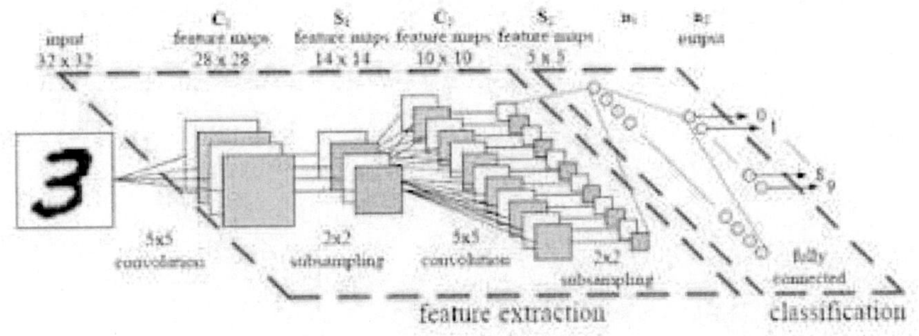

그림 18 컨볼루션 뉴럴넷의 구조

컨볼루션 뉴럴넷은 1989년에 제안된 모델로, 풀링 레이어와 컨볼루션 레이어로 이루어진 특징추출단계와 완전 연결층으로 이루어진 다층신경회로망으로 구성되어 있다. 먼저 특징추출단계에서는 이미지가 들어오면 컨볼루션 연산을 수행한다. 컨볼루션 연산은 Kernel이라고 불리는 작은 윈도우를 움직이며 윈도우에 해당하는 영역을 곱하여 더하는 연산을 반복하며 특징을 생성하는 과정이다.

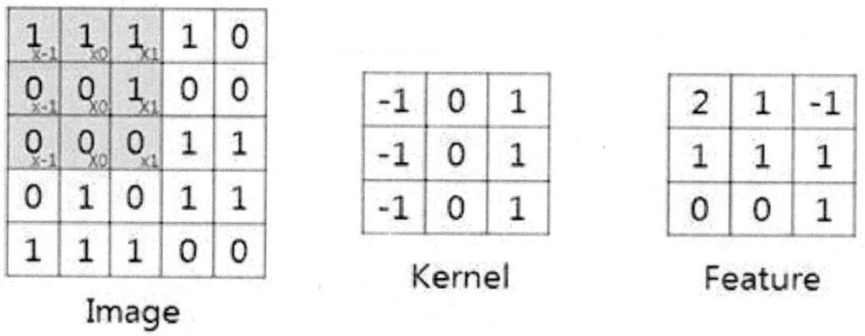

그림 19 컨볼루션 연산

컨볼루션 단계를 거친 특징에 대해서는 풀링과정을 거쳐 subsampling을 수행한다. 풀링과정이 수행되면 이미지의 크기는 반절로 줄어들게 된다. 풀링은 일정 크기의 윈도우를 대표하는 값을 선정하는 방식으로 주로 가장 큰 값을 선택한다.

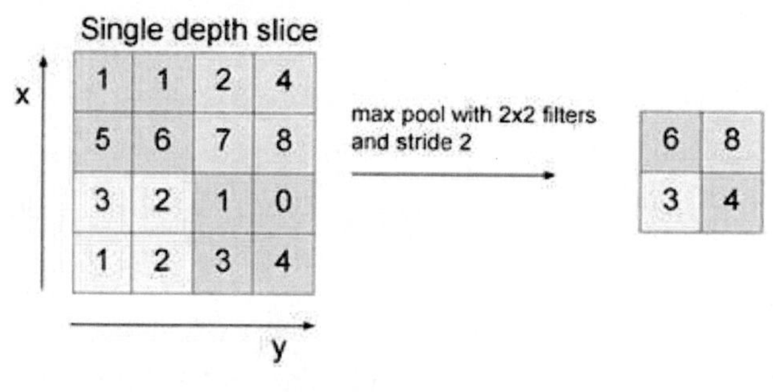

그림 20 풀링 연산과정

이렇게 컨볼루션과 풀링 단계를 반복하게 되면 전체 이미지를 대표하는 특징들이 추출된다. 아래 그림을 보면, 처음 입력된 이미지가 컨볼루션과 풀링단계를 거치며 특징을 나타내는 것을 볼 수 있다.

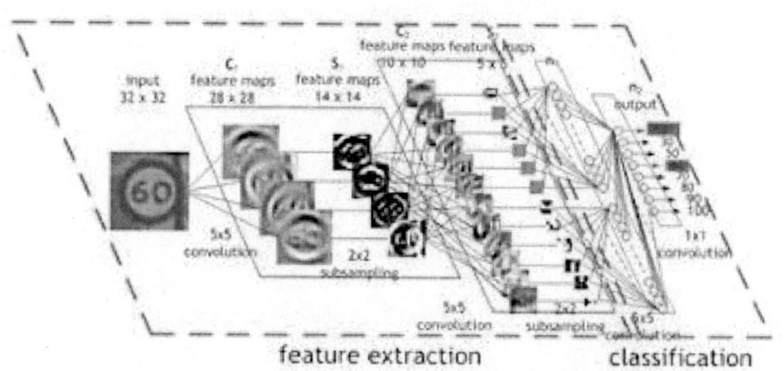

그림 21 컨볼루션과 풀링단계의 결과

이후 앞선 단계에서 추출된 특징들은 다층 신경회로망으로 입력되어 분류를 수행하여 60이라는 출력 값을 가진다.

Ⅳ. 인공지능 기술개발현황

4. 인공지능 기술 개발 현황
가. 국외 기술 개발 현황

해외기업들은 현재 글로벌 기업을 중심으로 인공지능 개발에 적극적으로 투자하며 연구를 진행하고 있다. 최근 인공지능 분야의 기계학습과 이를 위한 딥러닝 기술 개발의 가속화와 그래픽처리장치(Graphic Processing Unit; GPU)를 이용한 병렬연산 기법의 활용으로 인공지능은 큰 성장을 이룩하고 있다.

① 미국

꾸준하게 우상향을 이어온 미국의 AI특허 출원 증가세는, 지난 2009년 이후 연평균 25%의 전년 대비 성장율을 기록 중인 중국 앞에서는 맥을 못췄다. 결국 미국은 2014년도부터 매년 AI특허의 연간 출원량에서 중국에 역전을 허용해야 했다.

하지만, AI기술의 속내를 들여다보면 미국의 숨겨진 저력이 보인다. 컴퓨팅 비젼과 자연어 처리, 스피치 프로세싱 등 주요 핵심 분야에서 여전히 미국은 중국과 일본에 앞서는 양상을 보이고 있다.

특히 미국은 상용화 등 AI활용도 분야에서 중국을 압도했다. 결국 AI로 돈버는 나라는 미국이라는 점을 확실히 보여준 셈이다. 실제로 미국은 운송과 통신, 생명의학 등 총 10개 산업 분야 중 네트워크와 산업 생산 등 2개 분야를 제외한 8개 분야에서 1위 자리를 놓치지 않았다. 그만큼 미국의 AI특허가 비즈니스 적으로 가치가 있고, 기술적으로도 상용화에 보다 적합한 모델이라는 것을 단적으로 보여준다.

"특허는 소송을 먹고 산다"는 말이 있다. 기술에 기반한 특허의 특성상, 해당 특허에 대한 정확한 가치가 측정 또는 평가되는 곳이 바로 재판정이기 때문이다. 또 소송에 연루될 정도의 특허여야만이 제값을 하는 특허로 인정해주는 경향도 있다. 따라서 어느 국가에서 특허소송이 이뤄지는가를 따져보면, 해당 국가의 특허가치에 대한 정합도를 어림할 수 있다.

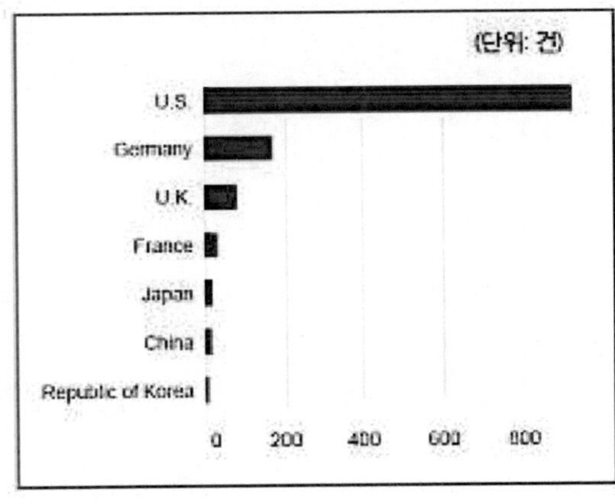

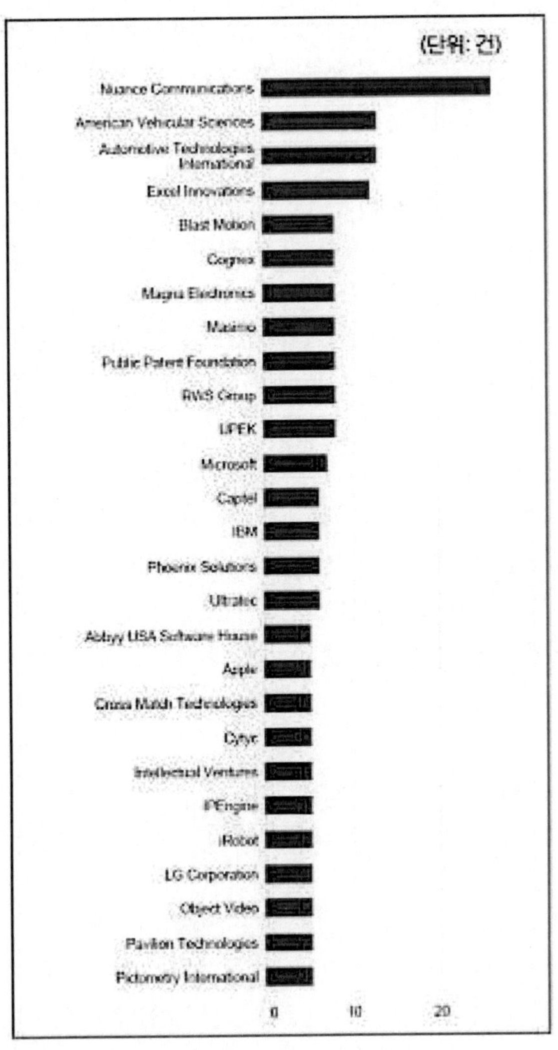

최근 WIPO 분석에 따르면, 전 세계 AI 관련 특허 소송의 70% 이상이 미국에서 이뤄지고 있다. 다음으로는 독일, 영국, 프랑스, 일본, 중국, 한국 등의 순이다. 전 세계에 AI특허가 많이 출원돼 있지만, 최고급 양질의 AI특허는 미국 시장에 몰려있음을 입증하는 데이터다. AI특허 소송 상위 10개 원고 기업만 봐도, 대다수가 미국계 특허전문관리업체(NPE) 또는 관련 제조 기업이다. 그만큼 미국은 AI기술에 따른 제품과 서비스의 생산 및 판매 뿐 아니라, 여기서 파생되는 법적 소송 등을 통해서도 막대한 고부가 이윤을 챙기고 있다는 것을 알 수 있다.5)

---

5) NIA한국정보화진흥원(2019) 「글로벌 인공지능AI 특허동향과 시사점」

■ 구글

 구글의 딥마인드(Deepmind)팀은 인공지능 바둑프로그램 알파고(AlphaGo)와 오픈소스 기반의 인공신경망 알고리즘인 텐서플로우(Tensorflow)를 공개했다. 또한 구글은 컴퓨터 비전 기술을 기반으로 한 인공지능인 인셉션으로 2014년 글로벌 이미지 인식 경진대회에서 우승을 거머쥐었다.

 현재는 인도와 방글라데시에서 시행 중인 AI 기반 홍수 경보 서비스를 전 세계 20개국으로 확대한다고 밝혔다. 브라질, 콜롬비아, 스리랑카와 아프리카 15개국이 새로 추가됐다. 머신러닝을 활용해 홍수의 진행 흐름을 예측하는 이 시스템 구축 사업은 지난 2017년 시작돼 2021년에만 인도와 방글라데시에서 2천300만 명의 이용자들에게 총 1억1천500만 건의 홍수 경보를 전달했다.

 그리고 전 세계 7천개 언어 중 사용 인구가 많은 1천 개 언어를 지원하는 AI 모델 구축을 위한 '1천개 언어 이니셔티브'라는 연구 프로젝트에 착수하여 첫 번째 단계로 구글은 현존 시스템 중 가장 많은 400개 언어로 학습한 '유니버설 스피치 모델'(USM)을 개발했고, 해당 언어들을 사용하는 세계 각지의 공동체들과 협력해 언어 데이터를 수집하기로 했다.

 사용 인구가 많지 않은 희귀 언어는 온라인상 텍스트에 의존하는 기존 AI 기술로는 학습이 어렵기 때문에 직접 수집한 영상, 이미지, 음성 등 다양한 정보에 기반 해 언어를 학습하는 업그레이드 모델을 개발한 것이라고 구글은 설명했다.

생성형 AI 연구를 통한 다양한 형태의 표현 기술도 시선을 집중시켰다. 2022년 여름 텍스트에서 이미지를 생성하는 기술을 내놨던 구글은 이날 텍스트 명령으로 고해상도 영상까지 만들어내는 '이매젠 비디오'와 '퍼나키' 모델을 추가로 공개했다. 짧은 문장을 던지면 후속 스토리를 만들어내는 '워드크래프트'와 짧은 오디오 샘플을 기반으로 진짜 같은 음성과 음악을 생성해내는 '오디오LM'도 선보였다. 워드크래프트는 대화형 엔진 '람다'를 기반으로 글쓰기 텍스트를 생성하는 프로젝트로 전문 작가들이 참여하고 있다.

 구글은 창조적 표현의 방식이 완전히 달라지는 전환점에 와 있으면서도 이러한 기술이 진짜와 진짜가 아닌 것의 경계를 흐리는 것을 원하지 않음으로 건전한 이용을 위한 AI 원칙을 소개했다.[6]

---

6) 연합뉴스 'AI 영역 넓히는 구글…20개국 홍수경보에 1천개 언어 지원까지'

■ **IBM**

IBM의 왓슨은 이미 2011년 미국의 인기 퀴즈쇼 '제퍼디'에서 승리하면서 그 성능을 증명한 바 있다. 최근의 IBM 인공지능의 플랫폼 왓슨의 주요 현황은 45개 국가, 통신, 유통, 제조 등에 적용되고 있고, 20개 산업, 500여 개 글로벌 기업이 도입하고 있다. 적용이 되는 언어로는 영어, 스페인어, 일본어 등 8개 자연어이고 한국어는 2016년 6월 30일에 출시했다. 주력사업으로는 AI 상업화, 왓슨 헬스, 왓슨 IOT 등을 하고 있다.[7]

■ **Microsoft**

Microsoft는 음성인식기반의 인공지능 개인비서 코타나와 실시간 언어 번역, 이미지 내의 물체를 인식하는 화상인식 기술인 아담 프로젝트를 진행하고 있다. 또한 시각장애를 지닌 사람들에게 주변 상황이나 텍스트, 물체 등을 음성으로 설명해주는 인공지능 어플리케이션을 발표하였으며 지구환경문제와 관련된 중요한 문제를 인공지능을 이용하여 해결하고자 하는 지구환경 인공지능 프로젝트 또한 진행 중이다.

최근 마이크로소프트는 오픈AI와의 파트너십을 기반으로 애저 오픈AI 서비스(Azure OpenAI Service)를 발표, 앞으로 고객이 GPT-3를 API(응용 프로그램 인터페이스)를 통해 접근할 수 있도록 했다. 다시 말해, 애저를 사용하는 조직은 고객 서비스 로그상의 공통된 불만사항을 요약하는 것부터 개발자 코드 작성, 게시글에 필요한 콘텐츠 생성에까지 GPT-3 활용이 가능하다.

특히 이 서비스는 오픈AI의 강력한 자연어 처리 모델에 접근하는 동시에 별도의 레이어 생성 없이도 애저의 보안, 안정성, 컴플라이언스, 기타 엔터프라이즈급 기능을 제공받을 수 있다는 점에서 더욱 의미가 있다. 애저 오픈AI 서비스는 자연어 모델의 출력이 고객사 비즈니스에 적합한지 등을 확인하는 신규 도구를 제공할 예정이며, 해당 모델이 의도한 목적에 맞게 올바로 사용되고 있는지 등도 모니터링한다.

마이크로소프트는 앞으로 이를 통해 자연어를 활용한 혁신을 광범위하게 공유할 예정이다.[8]

---

7) https://gillapp.tistory.com/11
8) Microsoft홈페이지 '마이크로소프트, 현실이 된 메타버스·AI·초연결 기술 대거 공개'

■ **Facebook**

 2015년 Facebook은 토치(Torch)를 위한 오픈소스 딥러닝 모듈을 공개하였으며 사진 속 사람 얼굴을 인식하거나 사람의 수준으로 내용을 이해하는 인공지능을 발표하였다.

 최근의 메타는 페이스북에 초거대 인공지능(AI) 언어 모델 '라마(LLaMA)'를 언급했다. 저커버그는 "라마는 문장을 생성하고 대화를 나누고 작성된 자료를 요약하는 것은 물론, 수학 문제를 풀거나 단백질 구조를 예측하는 등 보다 복잡한 작업에서도 많은 가능성을 보여줬다"면서 "메타는 이 연구용 오픈 모델에 전념하고 있으며 새로운 모델을 AI 연구 커뮤니티에서 이용할 수 있게 할 것"이라고 밝혔다.[9]

■ **Amazon**

 아마존은 음성인식기반의 지능형 비서인 알렉사(Alexa)를 필두로 텍스트를 음성으로 변환하는 아마존 폴리(Amazon Polly), 물체나 장면 및 얼굴을 탐지하고 인식하는 아마존 레코그니션(Amazon Rekognition), 자동 음성인식과 자연어 처리기능을 제공하는 아마존 렉스(Amazon Lex)를 발표하였다. 또한 아마존은 현재 배송, 포장서비스에 다양한 인공지능 로봇을 이용하고 있다.

 로이터통신에 따르면 "마이크로소프트(MS)와 구글에서 잇따라 AI 검색 엔진과 같은 새로운 생성형 AI 서비스를 선보이며 대중들의 상상력을 자극했다"며 "아마존은 개발자들이 이와 비슷한 (AI) 기술을 자사 서비스에 접목시킬 수 있도록 돕는 도구와 서비스를 개발하며 물밑에서 경쟁하고 있다"고 전했다.[10]

---

9) 주간동아 '메타, 라마(LLaMA)로 AI 개발 경쟁 가세'
10) 이데일리 '아마존도 AI 기술개발에 속도…허깅페이스와 협업'

■ **Apple**

애플은 2011년 음성인식 기반의 지능형 비서인 시리(Siri)를 발표 하였고, 최근 시리를 기반으로 하는 인공지능 스피커 '홈팟'을 공개했다.

한편, 대만의 매체 디지타임스에 따르면 애플이 인공지능 개발을 재검토한다고 전했다. 보고서에 따르면 ChatGPT로 촉발된 생성형 AI에 대한 관심이 높아지면서 애플, 메타, 아마존과 같은 주요 빅테크 기업들이 생성형 AI 기술을 개발하는 방식에 대한 재평가가 이루어지고 있다고 전했다.

또한 해당 기업들은 마이크로소프트에 AI 분야의 선두 자리를 내주지 않기 위해 노력하고 있는 것으로 알려졌으며 특히 애플은 AI에 대한 접근 방식을 재고하고 있다고 밝혔다.
공급망 관계자들은 이러한 추세가 AI 운영에 최적화된 차세대 CPU 개발을 촉진하게 될 것이라고 주장했다. 애플은 이미 애플 실리콘의 뉴럴 엔진 덕분에 로컬 프로세싱 분야에서 상당한 우위를 점하고 있지만, 콘텐츠 생성 및 새로운 AI 도구를 제공할 수 있는 심층적인 인사이트와 이를 완전히 활용할 수 있는 AI 소프트웨어를 아직 개발하지 못했다. 때문에 지금까지 애플은 제너레이티브 AI 도구 개발 경쟁에서 거의 손을 떼고 있는 것처럼 보이기도 하다.

최근에는 직원들을 대상으로 연례 AI 서밋을 개최하여 자체 생성 AI 기술보다는 헬스케어, 개인정보 보호, 컴퓨터 비전과 같은 측면에 초점을 맞춘 것으로 보인다.[11]

---

11) Tech42 '애플, 인공지능 개발 재검토 한다'

② 일본

 일본은 1980년부터 인공지능 관련 특허를 출원하여 1990년대 활발히 특허출원이 진행되었으나 2000년대 들어 점차 감소하였다. 하지만 최근 다시 특허 출원량이 증가하여 세계 인공지능 관련 특허 6,754건으로 3위에 올랐다. AI 주제별 발명 수의 분포비율을 살펴보면 컴퓨터 비전 연구 비율이 약 40%로 가장 높았다.

 일본 AI 특허 성장의 중심에는 기업들이 있다. 한국지식재산연구원이 발표한 세계지식재산기구 AI 특허 출원 보고서에 따르면, AI 분야 특허 패밀리(출원 후 등록 전이거나 등록된 특허) 순위에서 일본 도시바와 NEC가 'TOP5'에 들었다. 각각 5223건과 4406건으로, 2위를 기록한 마이크로소프트와 큰 차이가 없었다.[12]

순위	출원인	특허 패밀리수	국가
1	IBM	8,290	미국
2	Microsoft	5,930	미국
3	Toshiba	5,223	일본
4	**Samsung**	**5,102**	**한국**
5	NEC	4,406	일본
6	Fujitsu	4,303	일본
7	Hitachi	4,233	일본
8	Panasonic	4,228	일본
9	Canon	3,959	일본
10	Alphabet	3,814	미국
11	Siemens	3,539	독일
12	Sony	3,487	일본
13	Toyota	2,890	일본

'글로벌 TOP 30' AI 특허 보유 기업 현황의 일부. 한국지식재산연구원 제공.

■ Toshiba

 2016년 도시바는 메모리 반도체 공장에 인공지능 분석시스템을 도입했다. 또한 일본의 자동차 부품업체인 덴소와 손잡고 자율 주행차에 탑재될 화상인식 인공지능 개발을 진행하고 있다. 이외에도 도시바는 음성인식 스피커, 인간형 로봇 등 다양한 인공지능 기반의 제품을 발표하였다.

---

12) 한경IT·과학 '실리가 우선…AI 특허 챙기는 일본 기업들'

최근 2022년에 여러 장의 정상 이미지를 분석해 이상 부위를 특정하는 인공지능(AI) 기술을 개발했다고 발표하였고, 인프라 점검용을 상정한 것으로 현장학습이 필요 없다. 균열이나, 녹, 누수, 이물질 부착, 부품 탈락 등 발생 빈도가 낮고 학습하지 않은 이상부위라도 고정밀도로 검출할 수 있다고 한다. 이는 2023년부터 실용화할 계획이다.[13]

■ 소니

애완형 로봇 '아이보'를 출시하며 세계 로봇산업을 주도해 온 소니는 2016년 '플로우머신즈(FlowMachines)라는 작곡 인공지능을 개발하여 인공지능이 작곡한 음악을 공개했다. 1년 후, 2017년 소니는 딥러닝 프레임워크 '뉴럴네트워크라이브러리(NNabla)'를 오픈소스로 공개하며 인공지능 소프트웨어 개발자 전쟁에 뛰어들었다.

현재는 소니가 독자 개발한 인공지능(AI)이 복잡한 조작과 유연한 상황 판단력이 요구되는 자동차 경주 비디오게임에서 인간을 이겼다. 체스, 바둑에 이어 게임에서 인간을 넘어선 것은 물론 이른바 '운전 매너'까지 습득한 것으로 알려져 관심을 끈다.

니혼게이자이신문(닛케이)은 2022년 소니의 AI 드라이버 '소피'가 비디오 레이싱게임 '그란투리스모(GT) 스포트' 경기에서 실제 드라이버를 이겼다고 보도했다. 소피는 소니그룹이 소니 인터랙티브 엔터테인먼트(SIE) 등과 공동 개발했다. 이번 성과는 영국 과학 저널 '네이처'에 게재된다.[14]

■ 혼다

혼다는 두 발로 걷는 로봇 '아시모'를 출시하며 소니와 함께 세계 로봇산업을 주도해 왔다. 이어서 소프트뱅크와의 공동연구를 통해 인공지능이 탑재된 콘셉트카 '뉴브'를 공개했다. 뉴브에는 운전자의 감정을 이해하고 대화를 주고받을 수 있는 인공지능이 탑재되어 있다.

더 나아가 최근에는 운전자의 인지능력 저하 등을 인공지능(AI)으로 감지해 사고를 예방할 수 있는 기술 개발에 나설 예정이다. 일본에서 사회적 문제로 부상한 고령 운전자들의 사고를 줄이는데 역할을 하기 위해서다. 현재 자기공명영상(MRI)과 센서를 통해 운전자의 뇌와 눈의 움직임을 분석하는 작업을 하고 있다. 사고로 이어지는 실수의 원인을 찾아 사전에 예방할 수 있는 시스템을 만들기 위해서다. 예컨대 운전자의 시선을 카메라로 감지해 자동차 앞을 지나가는 보행자를 미처 발견하지 못했을 경우 이를 경고해주는 기술을 개발 중이다. 이는 2030년 실용화를 목표로 하고 있다.[15]

---

13) 서울대학공과대학 해동일본기술정보센터 '도시바, 인프라 점검 AI 기술 개발—여러 장의 정상 이미지에서 이상 검출'
14) 전자신문 '[ET 뉴스픽!]소니 개발 AI, 레이싱 게임서도 인간에 완승'
15) 한겨레 '일본 혼다 운전자 몸 상태 AI로 감지해 사고 예방'

■ **소프트뱅크**

 최근 소프트뱅크는 신입사원 채용 면접에 IBM의 왓슨을 활용했다. 자연언어 처리, 해석능력을 가진 인공지능에게 과거 입사 데이터를 학습시키고, 신입사원 채용 때 심사, 판단하게 한다. AI에게 채용 면접을 맡기는 것에 대해서 의아해 하는 사람도 있을 것이다. 그러나 심사결과를 보면 AI가 합격자로 결정한 1,500명, 반대로 불합격자로 판정한 1,500명의 데이터를 인사 담당자에게도 면접 심사를 실시한 결과 최종결과가 거의 비슷한 것으로 나타났다.

 오히려 AI 면접관에 의한 평가는 인간의 주관적 평가를 배제해 공정한 선발이 가능하다고 보고 있다. AI에게 딥 러닝을 학습시키면 공정한 기준에 따라 유능한 인재를 선발할 수 있다는 것이다.16)

 한편, 소프트뱅크 그룹은 지난 2017년부터 기업 투자 활동을 시작하고 전 세계 모든 분야에 걸쳐 AI(인공지능)를 활용해 혁신적인 사업을 전개하고 있는 벤처 기업에 투자해 주목을 받고 있다.

 이에 2021년 소프트뱅크 주주총회에서 손정의 회장은 직접 "소프트뱅크그룹은 정보 혁명의 자본가"라고 설명했다. 정보 혁명의 최첨단인 AI(인공지능)를 활용한 방식에 투자를 주력하고 있다는 의미다. 소프트뱅크 비전 펀드는 이를 실행하는 플랫폼이다. 투자 및 실행 전략으로 손정의 회장만의 방식 '군(群)전략'을 내걸고 있다.

 그룹 형태의 군 전략은 특정 분야에서 뛰어난 기술과 비즈니스 모델을 가진 다양한 기업 그룹이 다 같이 진화하고 함께 성장하는 것을 지향하는 방식이다. 유연하게 기업의 사업 영역을 변화, 확대하면서 300년에 걸쳐 성장을 계속하는 것을 목표로 한다. 손정의 회장이 꿈꾸는 '300년 왕국'의 핵심이다.

 이 전략을 바탕으로 소프트뱅크 비전 펀드는 AI를 활용한 신기술과 서비스, 비즈니스 모델을 실현할 수 있는 기업에 대한 투자, 완만한 공동체를 결성하고 있다. 이미 잘 알려진 소프트뱅크 비전 펀드는 펀드 1(SVF1)과 펀드 2(SVF2), 두 가지다. SVF1은 986억 달러(약 118조 원)의 대형 투자 펀드다. 소프트뱅크그룹 외 제3자 투자자도 포함되어 있다. 펀드 투자처는 증권시장에 기업을 공개하지 않은 시가 총액 10억 달러(약 1조2천억 원)가 넘는 유니콘 기업부터 100억 달러(약 12조 원)에 달하는 데카콘이라고 불리는 초대형 스타트업에 초점을 맞추고 있다. 각 사업 분야의 선두를 달리고 있는 기업에 투자해 점유율이 높고 강한 기업을 한층 더 강하게 육성하는 것을 목표로 하고 있다.17)

---

16) AI라이프경제 '[인간과 인공지능] AI 채용 글로벌 확산... 소프트뱅크 신입사원 AI 채용, 인간면접과 비슷한 결과'
17) FASHIONPOST '300년 존속 기술 없다 소프트뱅크 AI 군(群)전략'

③ 중국

 Patsnap(智慧芽创新研究中心)이 발표한 '2021년 AI 특허종합지수보고(2021年人工智能专利综合指数报告)'에 따르면, 2018년부터 2021년 10월까지 약 4년간 전 세계에서 신청한 AI 관련 특허는 총 65만 건이며, 그 중 중국 44만5000건, 미국 7만3000건, 일본 3만9000건에 달했다. 연도별로도 중국은 꾸준히 미국과 일본을 합한 것 이상의 특허를 출원한 것으로 나타났다. 아울러 해당기간 동안 특허를 출원한 10대 기업을 살펴보면 중국이 핑안그룹, 텐센트, 바이두, OPPO 등 4개사로 가장 많았으며, 핑안그룹은 최근 AI분야에 많은 투자로 전 세계에서 AI 관련 특허 출원이 가장 많은 기업에 등극했다.

 일부 AI 기술, 특히 컴퓨터 비전, 음성인식, 자연어처리 등 기술은 중국에서 이미 상용화돼 다양한 분야에서 적극 활용되고 있다. 컴퓨터 비전은 얼굴인식 및 안전감독관리 시스템 분야에서 많이 활용되고 있으며, iFlyTek, 바이두, 텐센트 등 기업들은 막대한 사용자를 위해 언어식별 기술을 활용하고 있다. 이어서 위챗과 같은 플랫폼을 통한 빅데이터 수집으로 기술 개선 및 경쟁력을 확보하고 있다.

 그러나 기술력 발전이 특정 분야에 집중돼 있고, 아직 다수 분야의 기술력은 기초단계에 머무르고 있다. 대표적으로 L4 등급 자율주행의 경우 스마트칩 및 스마트 센서 등은 적극적인 연구개발을 통해야 성숙기에 다다를 것으로 업계는 평가하고 있다. 또한 기술 인력의 부족 및 전통 제조업과 신흥산업을 모두 아우를 수 있는 전문 인력의 부족으로 산업의 성장이 상대적으로 정체되고 있다. 이에 따라 다수의 논문과 특허에도 불구, 중국의 전반적인 기술력은 선진국과 아직 격차가 있는 것으로 평가되고 있다.[18)

■ 바이두

 바이두는 세계적으로 앞선 인공지능 플랫폼형 회사로, 중국 AI 분야에서 시작이 가장 빠르고, 기술이 가장 강력하며, 구성이 가장 완벽한 기업으로 평가된다. 아직 우리나라에서 낯선 이름이지만, 중국 최대 검색 엔진 기업이다. '중국판 구글'로 불릴 만큼 정확하고 폭넓은 서비스를 제공하며, 중국 내 검색 점유율은 70%대에 달한다.

 바이두는 중국 최대 대화형 인공지능 운영 체계인 'DuerOS'를 만들었으며, 샤오두 시리즈 인공지능 스피커 출하량은 세계 2위, 중국 1위를 차지한다. 이 밖에도 중국에서 가장 강력한 자율주행 실력을 갖춘 아폴로를 보유하고 있으며 차량 인터넷, 스마트 교통 등 영역에서 뛰어난 솔루션을 보유하고 있다.

---

18) Kotra해외시장뉴스 '중국 인공지능산업의 현주소는'

  현재 바이두 AI는 특허 수, 패들패들 딥러닝 오픈소스 플랫폼, AI 일간 사용량, 개발자 생태 규모, AI 클라우드(Cloud) 등 분야에서 중국 1위를 기록하고 있다. 10년 전 인공지능이 지닌 가능성을 파악한 바이두는 기업 전략 중심을 인공지능 기술과 응용으로 전환했다. 기술 연구, 산업 응용 플랫폼부터 인간과 기계의 상호 작용까지 모든 부분에서 상당한 기술을 축적했다.

  바이두는 스마트 검색과 스마트 커넥티드카를 넘어 미래의 스마트 사회와 스마트 경제까지 준비하고 있다. 인공지능이 주도하는 스마트 경제는 사람과 기계의 상호 작용에서 변혁을 가져올 것이고 새로운 인공지능 칩, 클라우드 서비스, 각종 응용 개방 플랫폼, 개방된 딥러닝 구조, 통용 인공지능 알고리즘 등의 인프라에도 엄청난 변화를 가져올 것으로 예상된다.[19]

■ 핑안그룹

  중국 전역에 개인 고객 2억1400만명, 인터넷 가입자 5억7900만명, 연간 매출은 약 2000억 달러에 이르는 중국 최대의 민간 기업이다. 1988년 직원 13명으로 보험 사업에서 출발해 30여 년 만에 자동차, 금융, 헬스케어, 스마트시티 등으로 생태계를 끊임없이 확장했다. 성공 요인은 인공지능(AI), 블록체인, 클라우드 인프라스트럭처와 같은 디지털 기술에 대한 혁신적이고 선제적인 투자였다.

  핑안은 안면인식, AI, 블록체인 등 많은 기술을 자체적으로 개발했다. 처음에는 필요에서 시작했다. 5년 전만 해도 안면 기술은 아시아인 얼굴을 정확히 인식하지 못했다. 당시 머신러닝 기술도 핑안의 독특한 요구와 사업을 정확히 이해하지 못했다. 이에 내부 팀을 조직해 맞춤식 솔루션을 개발했다. 핑안은 연간 매출의 1% 수준인 17억 달러 규모를 기술 투자에 쏟고 있다. 단 자체 기술 개발은 핑안의 규모에는 효과적이었지만 모든 기업에 효과적이지 않을 수 있다는 점을 감안해야 한다.[20]

■ 텐센트·알리바바

  중국의 기술 대기업인 텐센트와 알리바바가 개발한 AI언어모델이 이해력 평가에서 인간을 앞섰다. 평가에 사용된 프로그램은 클루(CLUE)라는 AI의 자연어 처리 능력을 측정하는 벤치마크 테스트로 3년 전 중국 연구자들이 만든 도구다.

  클루 웹사이트의 순위에 따르면 텐센트가 만든 '훈위안 AI 모델'이 86.918점으로 1위를 차지했고, 알리바바의 '알리스마인드'가 86.685점으로 뒤를 이었다. 두 언어모델은 모두 인간의 86.678점 보다 높은 성적을 얻었지만, 일부 연구자들은 대부분의 AI 언어 모델들은 언어의 복잡성을 제대로 이해하기엔 아직 갈 길이 멀다고 평가했다.[21]

---

19) 매일일보 '[신간] '스마트 경제: 바이두, 인공지능이 이끄는 미래를 말하다''
20) 매일경제 '中핑안, 디지털 플랫폼 11개 개발…6억 고객 거느린 공용 됐다'
21) Ai타임스 '중국 AI 언어모델, 인간보다 중국어 더 잘해'

나. 국내 기술 개발 현황

한국은 1990년대부터 특허출원이 시작되어 2000년대 들어 출원량이 점차 증가하였다. 특허청에 따르면, 국내 초거대 인공지능 관련 특허출원은 2011년 6건에서 2020년 1912건으로 증가했다. 이 기간 총 출원수는 4785건. 한국을 포함한 미국·일본·중국·유럽 등 지식재산권 5대 주요국의 관련 특허출원도 같은 기간 28배 늘었다.

특허청은 최근 5년간 출원 증가 속도가 더욱 빨라졌고, 이는 2016년의 '알파고 충격' 이후 인공지능에 관한 연구가 활발해진 결과로 분석했다.

다출원 기업 순위는 삼성이 1213건으로 IBM(928건)과 구글(824건)을 제치고 1위, LG는 384건으로 10위에 이름을 올렸다. 이밖에 국내에서는 스트라드비젼(209건), 한국전자통신연구원(157건), KAIST(80건), 크라우드웍스(80건), NAVER(70건), SK(64건) 등이 각각 출원했다.

국내 빅테크와 굵직한 연구기관이 '인공지능 특허전쟁'에 열을 올리고 있고, 대화형 인공지능 '챗GPT 열풍'과 함께 인공지능 산업에 대한 관심이 뜨거워진 상황이다.

한편 전북 미래산업 분야는 전국의 3% 수준으로, 전북도와 전북테크노파크 등이 육성·지원하는 소프트웨어 강소기업들이 있지만 '인공지능' 관련 내로라할 지역 업체를 찾기는 쉽지 않다.

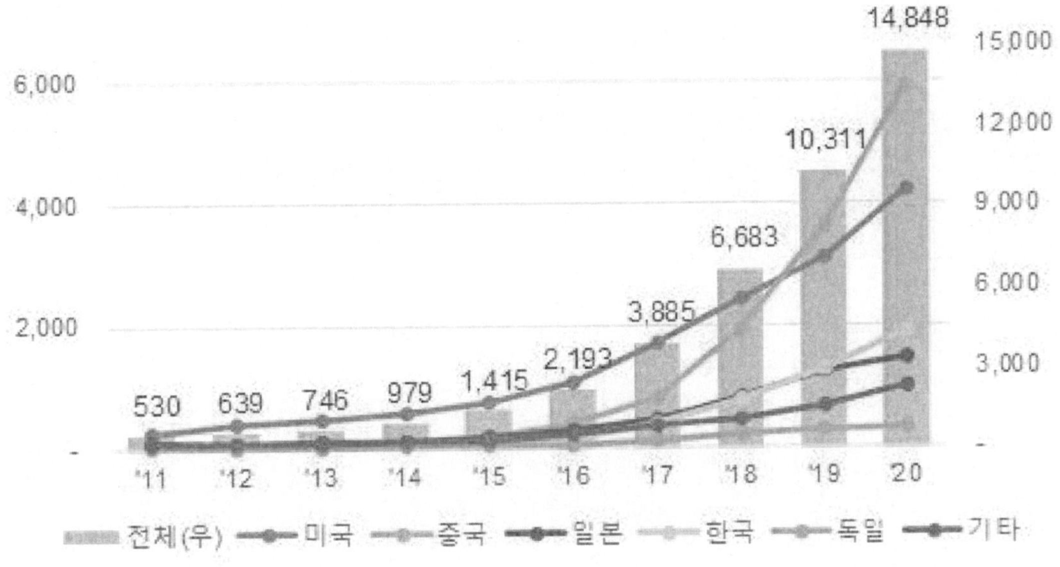

전북테크노파크 관계자는 "보안이나 자동화 솔루션 개발, IOT 기반 역주행 방지 시스템 개발 등에 인공지능을 적용하는 업체들이 있다. 20여 개사를 지원했다"며 "기술개발 과제를 진행하면서 특허출원이 많이 이뤄졌지만, 알파고나 챗GPT 정도의 대기업들이 주도하는 초거대 인공지능 관련 출원은 없었다."고 밝혔다.[22]

■ 삼성

최근 인공지능(AI) 분야에서 화두가 되고 있는 중요한 트렌드 중 하나는 '초거대 AI(Hyperscale Artificial Intelligence, 이하 초거대 AI)'이다. 초거대 AI는 기존 AI에서 한 단계 진화한 AI로, 인간의 뇌처럼 여러 상황에 대해 스스로 학습하여 사고하고 판단할 수 있다. 예컨대, 인공지능의 활용 사례로 많이 알려진 이미지 분석과 같은 작업에서 한발 더 나아가 사람의 언어를 이해하고 이를 바탕으로 이미지를 만들어 낼 수도 있다. 이러한 수준의 AI를 구현하기 위해서는 훨씬 더 대용량의 데이터에 대한 학습과 연산이 필요하며, 이를 수행할 수 있는 컴퓨팅 인프라가 갖춰져야만 한다.

이러한 초거대 AI 모델을 지원하기 위해, 삼성전자가 제시하는 솔루션은 PIM(Processing-in-Memory)과 PNM(Processing-near-Memory) 기술이다. 삼성전자는 이미 해당 기술을 활용한 메모리 솔루션을 확보하였으며, 이를 구현하는데 필요한 소프트웨어에 대한 표준화도 완료했다.

PIM(Processing-in-Memory)은 프로세서가 수행하는 데이터 연산 기능을 메모리 내부에 구현한 기술이다. PNM(Processing-near-Memory)도 PIM처럼 메모리를 데이터 연산 기능에 활용해 CPU와 메모리 간 데이터 이동을 줄여주는 기술이다. 연산 기능을 메모리 옆에 위치시켜 CPU-메모리 간 발생하는 병목현상을 줄이고 시스템 성능을 개선할 수 있다.

삼성전자는 향후 HBM-PIM과 CXL 기반 PNM 기술의 확산을 위해 IT 업계 및 학계와 적극적으로 소통할 계획이다. HBM-PIM과 CXL 기반의 PNM 솔루션을 지원하는 통합 소프트웨어를 공개할 예정이며, 업계 최대 슈퍼 컴퓨팅 학회인 SC22에도 참가하여 해당 솔루션을 전시하고 시연할 예정이다.[23]

---

22) 전북일보 '초거대 인공지능 특허출원 10년새 319배…전북은 0건'
23) 삼성홈페이지 '삼성전자 반도체, 차세대 AI를 위한 첨단 메모리 기술 공개'

■ **ETRI**

 최근 ETRI(한국전자통신연구원·원장 김명준)는 세계 주요 24개 언어를 음성으로 인식하고 문자로 변환할 수 있는 '대화형 인공지능(Conversational AI) 기술'을 개발했다.

 기존 음성인식 기술을 개발하기 위해서는 대규모 학습데이터가 필요해 다국어 확장과 음성인식 성능 확보가 어려웠다. 연구진은 자기 지도 학습, 의사 레이블 적용, 대용량 다국어 사전 학습 모델, 음성 데이터의 오디오 데이터 생성(TTS) 증강 기술 등을 통해 언어 확장의 어려움을 극복했다.

 또 '대화형 인공지능 기술'은 기존에 흔히 활용된 '종단형 음성인식 기술'의 단점을 개선해 활용성을 높였다. 느린 응답속도의 문제는 스트리밍 추론 기술을 개발해 실시간 처리가 가능케 개선했다. 이에 더해 의료와 법률, 과학기술 등 특정 도메인에 대한 음성인식 특화가 쉽도록 하이브리드 종단형 인식 기술도 개발해 적용했다.

 연구진은 이번 다국어 확대와 응답 속도 지연 해결 등 신기술 적용을 통해 음성인식 기술 활용 범위를 확대하고 사업화를 진행할 전망이다. 특히 올해 안으로 지원 언어를 30여 개로 확대하고, 국내·외 전시 참여와 기업체 설명회를 통해 동남아와 남미, 아랍권 등을 대상으로 사업화를 적극 추진할 예정이다.[24]

---

24) HelloDD. 'ETRI, 대화형 AI 기술 개발…24개 언어 이해한다.'

다. 응용분야별 기술 개발 현황
  1) 대화형 인공지능

그림 26 스마트폰 가상 비서 서비스

 대화형 인공지능은 인공지능에 속하는 기술 분야로, 음성 기반 비서를 활용하고 사
용자와 플랫폼 전반에 걸쳐 더 강력한 상호 작용과 대규모 참여를 촉진하는 기술의
한 형태이다. 최근 가상 비서 서비스는 스마트폰에 탑재된 인공지능 프로그램이 사용
자가 음성으로 명령하는 검색, 예약, 주문 등을 대신 처리할 뿐만 아니라, 각종 스마
트 가전기기나 차량에 탑재되어 여러 가지 일을 수행하는 등 그 응용 범위가 더욱 넓
어지고 있다. 지능형 가상비서는 크게 4가지의 세부 기술(언어처리, 음성인식, 서비
스, 클라우드)로 나눌 수 있다.

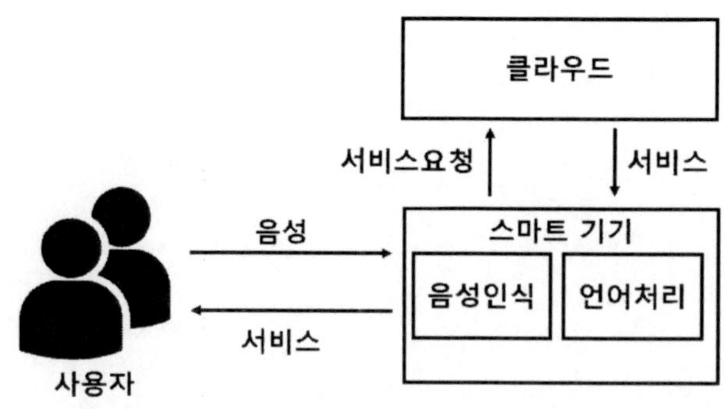

그림 27 가상비서 서비스의 세부 기술분야

(단위: 백만 달러)

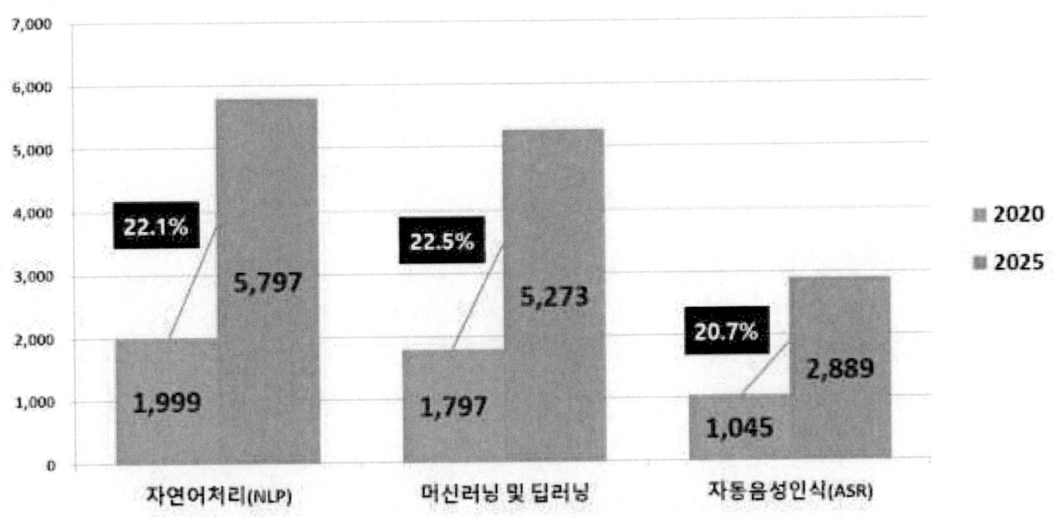

※ 출처 : MarketsandMarkets, Conversational AI Market, 2020

전 세계 대화형 인공지능 시장은 기술에 따라 자연어처리(NLP), 머신러닝 및 딥러닝, 자동음성인식(ASR)으로 분류되는데 자연어처리(NLP)는 2020년 19억 9,900만 달러에서 연평균 성장률 22.1%로 증가하여, 2025년에는 57억 9,700만 달러에 이를 것으로 전망된다. 머신러닝 및 딥러닝은 2020년 17억 9,700만 달러에서 연평균 성장률 22.5%로 증가하여, 2025년에는 52억 7,300만 달러에 이를 것으로 전망되고, 자동음성인식(ASR)은 2020년 10억 4,500만 달러에서 연평균 성장률 20.7%로 증가하여, 2025년에는 28억 8,900만 달러에 이를 것으로 전망된다.

먼저, 국내에서 제공되고 있는 지능형 비서 서비스 동향에 대해 살펴보면, SK텔레콤의 스피커형 AI 개인비서기기 'NUGU' 이후에 KT의 '기가지니', 네이버의 '프렌즈', 카카오의 '카카오미니'가 출시되었고, 금융권과 공공기관에서는 텍스트 형태의 AI 챗봇 서비스가 도입되었다. 음악 선곡 및 감상, 날씨 및 교통 정보 검색 등 새롭고 재미있는 기능을 탑재한 AI 스피커는 초창기 대중에게 많은 주목을 끌었다. 이후 출시된 AI 스피커에는 정보를 시각화할 수 있는 디스플레이, 무드등, 셋톱박스와 연동 등 기존제품과 차별화된 기능을 탑재하였다.

하지만, 사람들은 음성 AI의 기술적인 문제와 실생활에서의 활용도 측면에서 AI 스피커의 한계를 느꼈으며, 그나마도 서비스를 이용하는 연령대가 디지털에 익숙한 젊은 고객층으로 편중되어 있는 문제점이 존재했다. 이러한 한계를 극복하고자 국내 기업들은 개인비서 서비스를 오픈 API 형태로 플랫폼화하여 스마트홈, 자동차 등 다양한 영역에서 개인비서 생태계를 확장하는 방향으로 나아가고 있다.

또한, 코로나-19 사태로 언택트 문화가 확산되고 사람들이 집에서 머무는 시간이 늘어나면서 지능형 개인비서 서비스에 새로운 패러다임이 불고 있다.

이러한 비대면 시대에 자녀를 둔 부모는 AI 스피커의 키즈 콘텐츠를 적극 활용할 수 있으며, 금융권에서는 챗봇 시스템이나 AI 콜센터 등을 이용하여 금융기관에 직접 방문하기를 꺼리는 고객에게 언택트 서비스를 제공할 수 있을 것이다.

국내의 지능형 개인비서 제품에 대해 알아보자면, 먼저 삼성전자는 음성 인식 플랫폼 'Bixby'를 자체 개발하여 2016년 갤럭시 스마트폰에 처음 탑재하였다. 이후 세탁기, 공기청정기와 같은 자사 가전기기에도 Bixby를 탑재하며 지능형 인터페이스로의 역할을 확대하였다. Bixby는 텍스트, 카메라, 터치, 음성 등의 다양한 입력 방식으로 지식 검색, 일정 관리, 은행 및 결제 서비스 등을 제공하고 있다.

2016년 SK텔레콤은 국내 최초이자 세계 2번째 로 AI 스피커 'NUGU'를 공개하였다. 최근에는 스피커에 누구콜(NUGU call) 서비스를 연동하여, 음성으로 외부 번호를 검색하고 자동으로 전화를 걸 수 있는 기능을 선보였다.

또한, SK텔레콤은 NUGU 플랫폼을 Btv, T맵, T전화에 적용하는 등 홈, 자동차, 모바일 영역에서 지속적으로 접점을 늘리며 NUGU 플랫폼의 생태계를 다각화하고 있다. KT의 AI 스피커 '기가 지니' 시리즈는 셋톱박스와 연동 가능하며, 음성 입력만으로 TV를 조작할 수 있다. 출시 당시 KT는 AI 스피커에 셋톱박스를 접목하는 새로운 전략을 보여 많은 관심을 받았다. 또한, 기가 지니는 AI 영어 학습, 핑크퐁 노래방 등 다양한 키즈 특화 학습서비스로 자녀를 둔 고객층의 눈길을 끌고 있다.

네이버는 2017년 AI 플랫폼 '클로바'를 탑재한 AI스피커 '프렌즈', '웨이브' 출시에 이어 2020년 10월 책 읽어주기 기능이 탑재된 AI 스마트 조명 '클로바 램프'를 출시했다. 조명 아래에서 영어 또는 한글로 된 책을 펼치면 광학문자인식(OCR)으로 책의 글자를 인식한 다음, 음성 합성 기술로 아이나 성인의 목소리로 책을 읽어준다. 클로바 앱과 연동을 통해 아이의 독서 기록을 관리할 수 있으며, 외국어 교정 및 발음 지원, 번역 기능까지 제공한다. 아울러, 네이버는 홈 IoT와 IPTV 고객 경험이 많은 LGU+와 협력하여 AI 개인비서 서비스 시장에서 경쟁력을 확보하고 있다.

카카오는 카카오i 플랫폼을 탑재한 '카카오미니'에 이어 네 번째 AI 스피커 '미니헥사'를 출시하였다. 카카오 AI 스피커에는 경쟁기업과 차별적인 요소인 '카카오톡' 서비스를 연동하여, 음성으로 손쉽게 카카오톡 메시지를 전송하고 정보를 공유할 수 있도록 하고 있다.

이 외에도 카카오 T택시, 카카오 내비, 카카오 홈IoT 기능을 탑재하고 있으며, 최근에는 건설사와 협력을 통해 스마트홈 분야의 서비스를 본격화하였다. 금융권에서는 2017년 금융권 최초의 챗봇 '현대카드 버디' 이후, 은행과 카드사에서 챗봇 형태의 지능형 개인비서 서비스를 도입하기 시작하였다. 공공기관·지자체에서도 지능형 개인비서 서비스를 적극적으로 도입하고 있다. 대표적인 공공서비스 챗봇으로 인공지능 기반 법률 비서 '버비', 민원상담사 '뚜봇', 지방세 관련 민원 상담사 '지방세 상담봇'이 있다.[25)]

국세청에서도 'AI 세금비서' 서비스가 있다. 2022년 연말의 국세행정포럼 주제에도 인공지능을 활용한 세무서비스가 주제로 꼽혔다. 당시 전문가들은 국세청의 'AI 세금비서'에 대한 부정적인 의견을 내놓았다. IT 세정은 좋지만, AI 세금비서가 계산하는 값이 정확할 것인지에 대한 근본적인 의문이 많았다.

실질적으로 복잡한 세금 계산을 똑똑하게 해줄 수 있을 것인지, 잘못 계산했을 때 가산세는 납세자가 부담해야하는 것인지에 대한 이야기도 흘러나왔다. 당시 전문가들은 AI 세금비서 개발 작업에 국가 예산을 사용하는 만큼 신중한 접근이 필요하다고도 지적했다.

결국 AI 세금비서가 계산해주는 값이 정확하지 않다면 굳이 인공지능을 이용할 필요가 있겠냐는 반응도 있었지만, 인공지능 서비스가 납세자의 납세협력비용을 크게 절감할 것으로 전망하고 있다. 또한 국세행정의 선진국이라 불리는 대한민국에서 인터넷과 컴퓨터를 활용한 세금 신고는 시대적으로도 앞서나가고 있기 때문에 현재에 안주하지 않고 더욱 발전하기 위해서는 AI 세금비서의 활용이 더욱 커져야한다는 인식도 있다.

2022년 말까지만 하더라도 전문가들은 AI를 이용한 세금관련 업무에 부정적인 입장이었지만, 한층 진화된 챗GPT의 등장으로 국세청의 인공지능을 활용한 국세행정에는 어떠한 큰 변화로 다가올지 업계는 주목하고 있다.[26)]

---

25) ETRI(2021) 「디지털 개인비서 동향과 미래」
26) 세정일보 '[세미콜론] 챗GPT와 국세청의 AI 세금비서'

다음은 전 세계 대화형 인공지능 시장의 주요기업 점유율 현황이다.[27]

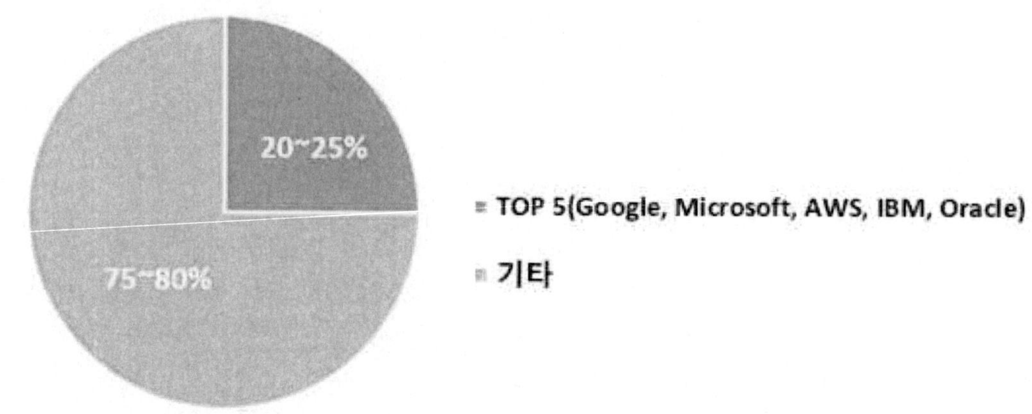

※ 출처 : MarketsandMarkets, Conversational AI Market, 2020

① Google

대화형 인공지능(AI) 시장에서 인공지능(AI)을 구동하는 음성 앱 및 챗봇과 같은 음성·문자 기반의 대화 인터페이스를 구축해 사용자가 새로운 방식으로 제품과 소통할 수 있도록 하는 데 목적을 둔 'Dialogflow'를 제공하고 있다.

제 품	내 용
Dialogflow	• 사용자가 웹 사이트, 모바일 애플리케이션, 인기 있는 메시징 플랫폼 및 IoT 장치를 위한 대화 인터페이스를 구축, 교육 및 배포할 수 있도록 지원하는 대화형 플랫폼임 　－ 표준 버전과 엔터프라이즈 버전 등 두 가지 버전으로 제공됨 • 개발자는 Facebook Messenger, Google Assistant, Amazon Alexa, Cortana, Slack, Twilio 등과 같은 14개의 주요 플랫폼에 챗봇을 구축하고 배포할 수 있음 • Google의 머신러닝 및 자연어처리(NLP) 기능의 이점을 활용하고, 20개 이상의 언어에 대한 지원과 함께 30개 이상의 사전 빌드된 에이전트를 제공함 • Chatbase의 분석 기능의 이점을 활용하고, 사용자가 대화형 앱과 통합할 수 있는 서버리스 기능에 Firebase를 사용함

※ 출처 : MarketsandMarkets, Conversational AI Market, 2020

---

27) 연구개발특구진흥재단(2021) 「대화형 인공지능AI 시장」

② Microsoft

사용자에게 새로운 기회를 제공하는 라이센스, 소프트웨어 솔루션 및 장치를 제공하는 글로벌 기업이며, 운영 체제, 장치 간 생산성 애플리케이션, 서버 애플리케이션, 비즈니스 솔루션 애플리케이션, 데스크톱 및 서버 관리 도구, 소프트웨어 개발 도구 등의 제품을 제공하고 있다.

서 비 스	내 용
Azure Bot Services Microsoft Bot Framework Azure Cognitive Services LUIS QnA Maker	• Azure Bot Services, Microsoft Bot Framework, Azure Cognic Services, LUIS QnA Maker를 결합하여 대화형 인터페이스를 만들 수 있는 강력한 개발 환경을 제공하고 있음 • 사용자는 Microsoft 서비스를 사용하여 대화 인터페이스를 개발할 수 있으며, 이를 웹 사이트, 앱, Cortana, Microsoft Teams, Skype, Slack 및 Facebook Messenger에 배포할 수 있음 • 다른 Microsoft 서비스와 결합할 수 있는 오픈 소스 제품인 Microsoft BotBuilder 소프트웨어 개발 키트를 제공하고 있음

※ 출처 : MarketsandMarkets, Conversational AI Market, 2020

③ AWS

온디맨드 컴퓨팅 플랫폼으로 최고점에 있는 클라우드 컴퓨팅 서비스의 선도업체인 Amazon.com(미국)의 자회사로, 다양한 클라우드 컴퓨팅 서비스를 제공하여 사용자가 비즈니스 요구 사항에 따라 쉽게 조정할 수 있도록 지원하고 있다. 스토리지 및 콘텐츠, 컴퓨팅, 네트워킹, 데이터베이스, 배포, 관리, 미디어서비스 및 분석 등과 관련된 제품과 서비스를 제공하고 있다.

제품	내용
Amazon Lex Alexa for Business	- Amazon Lex는 음성 및 텍스트 매체를 사용하는 모든 애플리케이션에서 대화형 인터페이스를 구축하기 위한 서비스임 - Alexa와 동일한 기술을 활용함 - 또한, Amazon Polly를 사용하고 AWS Lambda와의 통합을 지원하여 개발자가 사람이 들을 수 있는 텍스트의 음성 변환을 통해 대화형 인터페이스를 구축할 수 있도록 지원함 - Alexa for business는 Alexa 장치를 관리하고 기업에 대화형 솔루션을 제공함 - 대화형 인공지능(AI) 시장에서 AWS의 인프라에서 실행되며 다른 AWS 서비스와의 기본 통합을 제공하는 클라우드 기반 제품을 제공하고 있음

④ IBM

메인프레임 컴퓨터에서 나노 기술에 이르기까지 다양한 분야에서 하드웨어, 소프트웨어 및 광범위한 인프라, 호스팅, 클라우드 및 컨설팅 서비스를 제공하는 선도 기업이다. 소프트웨어, 금융, 스토리지 및 통합 시스템을 포함하는 다양한 제품과 서비스를 제공하고 있다.

솔루션	내용
IBM Watson Assistant	- 산업 관련 콘텐츠로 사전 교육을 받은 완벽한 플랫폼임 - Watson Assistant 플랫폼의 자연어 모델은 IBM의 인공지능(AI) 기능을 기반으로 하며, 개발자가 웹 사이트, 모바일 앱, 전화, 메시징 채널 및 고객 서비스 도구에서 가상 비서를 구축 및 실행할 수 있도록 지원함 - 13개 언어에 대한 지원을 제공함

⑤ Oracle

 엔터프라이즈 등급의 제품 및 솔루션을 제공하는 선도적인 업체로, 하드웨어 시스템,
데이터베이스, 미들웨어 소프트웨어 및 애플리케이션 소프트웨어의 개발, 제조 및 마
케팅을 전문으로 하고 있다.

솔 루 션	내 용
Oracle Digital Assistant	• Oracle Mobile Cloud Enterprise의 일부 제품임 • Digital Assistant 플랫폼은 텍스트 또는 음성의 도움으로 자연스러운 대화형 사용자 인터페이스를 만들 수 있도록 인공지능(AI) 기반 비서를 쉽게 구축할 수 있는 도구를 제공함 • 이러한 인공지능(AI) 기반 비서는 웹 사이트, 모바일 앱 및 메시징 앱에 배포할 수 있음

※ 출처 : MarketsandMarkets, Conversational AI Market, 2020

제품	인지 기능	서비스/기능
Siri	사용자의 검색/언어/선호도에 적용	전화걸기, 메시지 보내기, 구두점 추가, 리마인더 및 알람 등
구글 Assistant	방대한 데이터 및 고도의 NLP 기술 적용	질의응답, 스케줄 관리, 예약, 리마인더, 번역, 음악 재생, 길찾기, 홈기기 제어
Alexa	사용자 음성 학습 기능	음악 검색, 전화걸기, 메시지 보내기, 쇼핑, 홈기기 제어
Cortana	자동 언어 인식, 디바이스 데이터에 의한 학습	시간/장소/사람에 따른 리마인더, 파일찾기, 배송조회, 태스크 관리
Bixby	사용자 루틴 및 휴대폰/앱 작동방식 학습, 개인화된 응답	콘텐츠 및 앱 조작 용이하도록 함, 번역, 리마인더
Hound	문맥 및 복잡한 발화 이해	자연스럽고 상세한 검색, 호텔찾기, 길찾기, 주식시장 조회, 음악재생 등
Robin	제스처에 반응, 새로운 개념/phrase 학습	오디오 콘텐츠 플레이, 관심 정보 제공, 주차/교통 정보 제공
Youper	개인화, 기분추적	정서건강 관리, 대화, 명상 가이드

그림 33 글로벌 디지털 개인비서 기능비교

2) 의료진단

인공지능 기술을 의료진단에 적용하기 위한 노력은 전세계 곳곳에서 이루어지고 있다. 현재 의료진단 분야에서 인공지능은 대량의 생체 데이터를 기반으로 의료 정보를 학습하고, 활용하여 환자의 상태를 추정하거나 치료를 보완한다. 또한 더 나아가 향후 현재 우리에게 큰 피해를 주고 있는 계절 인플루엔자(독감)와 같은 감염병 이나 AI(조류독감) 예측에도 활용되었다.

미국, 일본, EU에서 보건의료 분야 인공지능 기술 특허출원 건수를 살펴보면 다음과 같다. 미국은 자국 국적 출원과 타국 국적 출원의 점유율에서 1위를 차지하는 등 관련 시장을 주도할 수 있는 기술 기반을 보유하고 있으며, 특히 딥러닝, 데이터마이닝, 머신러닝 분야에서 압도적으로 특허를 출원하고 있다.

국가	내국인	소계	외국인			
			한국	일본	독일	기타
미국	390(73%)	141(27%)	2(0.4%)	9(2%)	75(14%)	55(10%)
일본	56(42%)	76(58%)	0(0%)	39(30%)	24(18%)	13(10%)
EU	40(58%)	29(42%)	0(0%)	16(23%)	5(7%)	8(12%)

표 20 미국, 일본, EU 인공지능 보건의료 특허출원 출원 현황

우리나라에서의 보건의료 분야 인공지능 특허출원 건수 및 출원인을 분석한 결과, 출원 건수는 해마다 증가하고 있으며 우리나라 국적 출원인의 점유율은 상대적으로 높은 편이었다.

국가	내국인	소계	외국인			
			미국	일본	독일	기타
한국	75 (81%)	18 (19%)	11 (11.8%)	3 (3.2%)	2 (2.2%)	2(2.2%)

표 21 우리나라 인공지능 보건의료 특허출원 현황

우리나라 보건의료 분야 인공지능의 주요 국내 출원인은 대학 및 정부출연 연구기관으로 한국생명공학연구원(9건), 경희대학교 산학협력단(7건), 한국과학기술원(5건) 등으로 아직 상용화 단계는 진입하지 못한 것으로 분석되었다.

대학 및 정부출연 연구기관에 비해 기업체의 연구는 미진한 것으로 나타났지만, 국내에서의 보건의료와 인공지능 기술의 융합이 초기 단계임을 고려하면 향후 특허출원 건수는 계속 늘어날 것으로 예상된다.

출원인	특허내용	주활용기술
한국생명공학연구원	암 치료 표적 발굴을 위한 유전자 선별 기술	데이터
경희대학교 산학협력단	외부리소스 활용 임상의사결정지원시스템 및 방법	마이닝
한국과학기술원	질병관련 단기염기다형성 조합추출 통한 질병예측기술	머신러닝

표 22 국내 출원인별 특허 현황

인공지능기반의 의료진단 프로그램은 IBM이 만든 닥터 왓슨과 구글의 베릴리가 대표적이다.

① IBM의 닥터왓슨

IBM이 만든 닥터 왓슨은 임상시험 보조, 암을 포함한 여러 질병의 진단, 유전 정보 분석 등에 활용되고 있다. (암 진단의 경우 인공지능과 이미지 분석 기술을 활용해 병리학자의 역할을 하는 디지털 병리학 기술도 발전, 암 조직 검사를 수행하기도 한다.) 머신러닝 기술을 적용한 닥터 왓슨은 엄청난 양의 의학저널과 기존 의사들의 처방기록을 저장한 빅데이터를 이용해 의학 정보를 학습, 암 진단의 정확성을 높였다.

실제로 미국 종양학회에서 발표된 자료에 따르면 닥터 왓슨의 진단과 메모리얼 슬로언케터링 암센터의 연구결과 전문의들과의 진단 일치율이 대장암 98%, 직장암 96%, 자궁경부암 100%로 높은 일치율을 보였다.

또한, IBM은 왓슨 헬스 그룹을 독립시킨 후 환자 데이터 분석, 데이터 관리, 영상의료데이터와 분석기술을 보유한 회사 등을 인수하는 등 기술력 확대를 위해 활발하게 움직이고 있다.

② 구글의 베릴리

알파고를 만들어 인공지능이 세계적 화두가 되게 만든 구글도 의료진단 분야에 집중하고 있다. 구글의 지주회사인 알파벳의 계열사 베릴리는 수술로봇에 기계학습 기술을 더해 이전 수술의 영상 라이브러리 분석하고 이를 통해 수술을 담당하는 의사에게 절개 부위를 보여주는 등 다양한 기술을 더할 계획이다.

또 눈 사진만 보고 당뇨를 예측하는 프로그램, 암세포를 탐지하는 나노입자가 든 알약, 혈액 속의 암세포를 파괴할 수 있는 손목 부착형 기기 등 구글의 의료진단 분야 기술은 인간의 질병을 정복하고 의사의 영역을 흔들정도로 발전하고 있다.

위와 같은 프로그램 외에도 최근 전 세계적으로 인공지능을 의료진단에 활용하는 연구가 활발히 진행되고 있다.

① 건양의대 시신경 질환 예측 프로그램

건양의대 김안과병원 김응수 신경안과 교수팀은 시신경 질환 예측에 인공지능을 활용하는 연구를 진행하였다. 연구팀은 정상 시신경 사진 501건과 녹내장 진단 시신경 사진 474건 데이터를 입력해 인공지능을 학습·분석했다. 실험에는 회귀분석방법과 합성곱신경망방법 2가지를 이용했으며 각각 98.5%, 100%에 달하는 정확도를 보였다.

② 심정지 예측 프로그램

전 세계 환자 1천 명 중 5명은 심정지를 겪는다. 심정지는 생명과 긴밀히 연결되어 있고, 미리 예방이 힘들어 많은 사람들에게 공포의 대상으로 여겨져 왔다. 최근 국내에서 심정지 예측에 인공지능을 사용하는 움직임을 보이고 있다. 호흡수, 심장박동수, 산소포화도, 혈압을 포함함 약 7가지 데이터를 이용하여 인공지능을 학습시킨 후, 이를 이용하여 입력받은 데이터를 분석, 심정지 가능성을 예측한다.

사람의 경우 심정지가 일어나기 약 30분 전에 예측할 수 있지만, 인공지능으로 예측할 경우 약 24시간 전에 알아낼 수 있고 예측 정확도는 70% 이상으로 나타나 향후 심정지를 예측, 치료하는데 큰 기여를 할 것으로 기대 받고 있다.

③ 치매 예측 프로그램

캐나다 맥길대학 정신건강연구소 산하 '중개신경영상랩' 연구팀은 치매 예측에 인공지능 기술을 사용했다. 연구팀은 '알츠하이머병 신경영상 이니셔티브(ADNI)'가 가지고 있는 '경도인지장애(MCI)' 환자의 PET(양전자방출단층촬영) 자료를 인공지능에 학습시켰다. 이를 바탕으로 치매가 발생하기 약 2년 전에 치매를 예측할 수 있는 알고리즘을 만들었는데 그 정확도는 84%에 이른다. 나아가 이 연구 결과는 치매 환자를 조기 관리하고 치료 연구를 가속할 수 있는 바탕을 마련할 것으로 기대 받고 있다.

3) 법률서비스 지원

 과거 전문 교육기관을 거친 사람만이 할 수 있다고 생각했던 법률 서비스 분야에도 지능 정보기술이 적용되기 시작했다. 2010년 전후로 영미권을 중심으로 시작된 리걸테크는 지금은 미국에만 1900여 개 관련 기업들이 존재할 정도로 시장이 커지고 있다.

 리걸테크는 ICT를 활용해 의뢰인의 변호사 검색, 상담 신청이나 법조인의 법령 검색, 업무 처리 등을 도와주는 서비스로 최근에는 ICT 뿐만 아니라 인공지능 기술이 적용되기 시작했다. 인공지능이 적용되면 머신러닝의 특성상 더 많은 법령 정보가 누적될수록 더 고도화된 법률 서비스를 제공할 수 있을 것으로 예상되고 있다.

 인공지능을 활용한 법률서비스는 고객 경험 개선과 같은 기대효과, 법률서비스의 질 재고, 법률서비스의 자동화를 가지고 있다.

내용	설명
고객 경험 개선	○ 정보 비대칭성 해소와 법률 서비스에 고객 접근성. 선택권을 제고 - 법률 서비스 가격 비교, 전문 변호사에 대한 정보 제공 등 법률 산업 내 정보 비대칭성 개선
법률 서비스의 질 제고	○ 고부가가치 활동애 집중할 수 있게 되어 법률 서비스 질 제고 - 법조인이 의뢰인을 위한 변론 작성이나 사건 재구성 등 창조적 업무에 더욱 집중할 수 있을 것으로 기대
법률 서비스 자동화	○ 법률 서비스 업무의 효율화 또는 자동화 예상 - 법률 서비스의 자동화는 법률 검색 등 비교적 단순한 업무를 감소 시켜 법조인의 시간과 노력을 줄여줄 것으로 기대

표 23인공지능 활용 법률서비스의 기대효과 (출저=현대경제연구소)

 인공지능 활용 법률 서비스는 법률 자문과 전략 수립, 변호사 검색 및 매칭 서비스, 온라인 종합 법률 서비스, 인공지능 법률검색, 전자증거개시 관리 서비스로 나눌 수 있다.

분야	내용	대표기업
법률 자문과 전략 수립	과거 법률·판례 추이를 분석해 입법 가능성과 판결을 예측	피스컬노트(FiscalNote/미국) 렉스 마키나(Lex Macchina/미국)
변호사 검색 및 매칭 서비스	온라인 플랫폼을 활용해 상담내용과 비용을 검토하여 적합한 변호사를 추천하는 중개 서비스	렉소(Lexoo/영국) 로부스(LawBooth/미국) 헬프미(한국) 로앤컴퍼니(한국)
온라인 종합 법률 서비스	온라인 기업·자영업자·개인 대상 법률 서식 작성 및 자문 서비스	리걸줌(Legalzoom/미국) 로켓로이어(RocketLawyer/미국) 악시옴(Axiom/미국) 아보 (Avvo/미국)
인공지능 법률검색	인공지능을 활용해 사건 해결에 필요한 법률과 판례를 효율적으로 검색	웨스트로(Westlaw/미국) 주디카타(Judicata/미국)
전자증거개시 (e-Discovery) 관리 서비스	영미권에서 소송관련 증거를 수집·공개하는 제도인 전자 증거개시업무 전담	CS디스코(CS Disco/미국) 로직컬(Logikell/미국) 큐라(kCura/미국)

표 24 인공지능 법률분야별 서비스 내용

① 온라인 종합 법률 서비스- 법무부 생활법률지식서비스

그림 34 생활법률지식 서비스 플랫폼

국민이 일상생활에서 직면하는 생활법률 (부동산임대차, 임금, 해고, 상속)분야에 대한 단순지식 제공을 넘는 맞춤형 질의 및 답변 서비스를 제공하는 서비스이다. 현재 챗봇(Chatbot)을 이용해 이용자의 질문의도와 생활법률분야의 쟁점을 파악하여 신속 제공하고 있다.

리걸테크 기업 로앤컴퍼니는 2022년 초 국내 판례 데이터에 AI 기술을 도입한 법률 검색 서비스 '빅케이스'도 내놨다. 약 320만 건 판례 데이터로 이뤄졌다. 전문판례 110만 건, 판례 일부만 볼 수 있는 미리보기 판례 210만 건으로 구성됐다.

빅케이스 주요 기능은 서면으로 검색, AI 요점보기, 쟁점별 판례보기다. 국내에서 처음으로 AI 기술을 적용해 고도화된 검색 서비스를 제공한다.

사용자는 서면으로 검색 기능을 통해 많은 시간이 소요되는 서면 검토 시간을 크게 줄일 수 있다. 장문의 법률 문서를 빅케이스 검색창에 입력만 하면 AI가 알아서 찾아준다. 관련 쟁점이나 키워드를 추가로 입력할 필요 없이 바로 인용 판례, 사실관계 관련 판례, 법령을 한 번에 볼 수 있다.

AI 요점보기는 '추출 요약 AI 모델'을 적용해 판례 내에서 주요 문장을 자동으로 찾아 보여준다. 판례에서 중요하다 판단한 문장이나 단어를 자동으로 뽑아내는 식이다. 검색한 문서와 관련 높은 판례나 법령도 AI가 쟁점별로 찾아준다.[28]

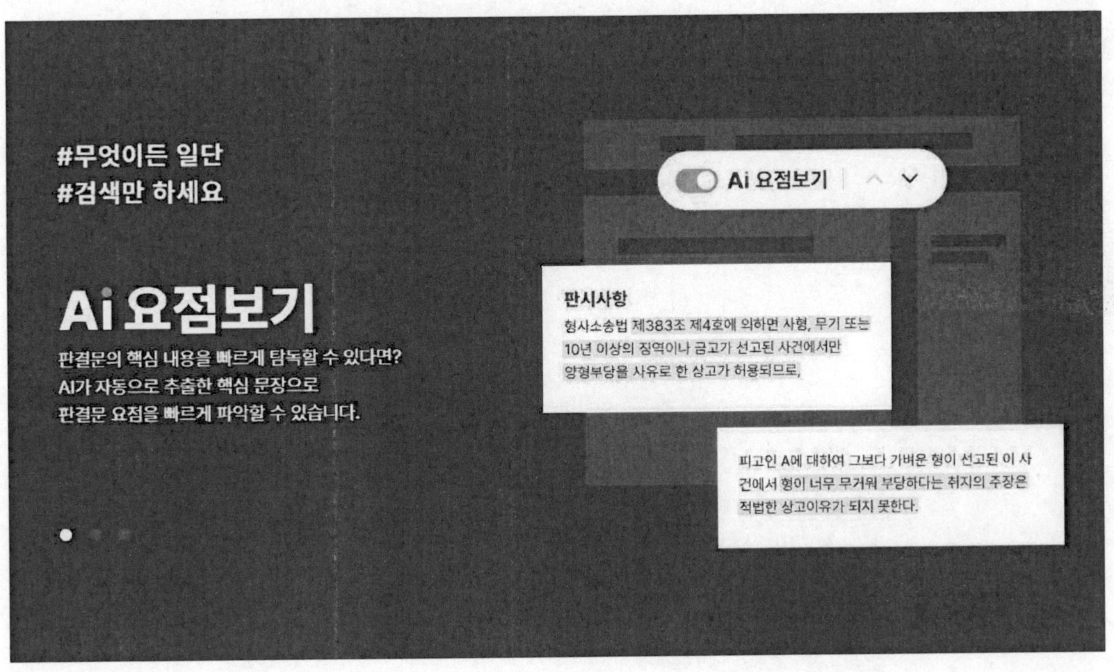

---

28) Ai타임스 '법률 서비스 진입장벽, AI로 낮춘다'

② 인공지능 법률검색- 인텔리콘(Intellicon)

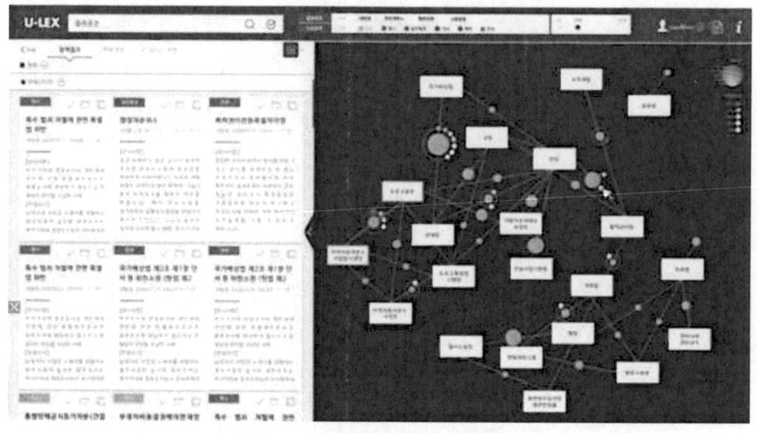

그림 36 '음주운전'으로 법률정보 서비스를 검색한 화면

국내 인텔리콘은 인공지능 및 빅데이터 분석으로 단순한 키워드 매칭이 아닌 복잡한 연관 관계망까지 파악해 결과를 제공한다. 자체적인 지능형 법률정보검색 알고리즘을 이용해 변호사 등 법률전문가들의 법률정보검색을 지원하는 서비스를 제공하고 간단한 단어로도 관련 판례와 법령정보를 찾아낼 수 있도록 구성하였다.

③ 헬프미

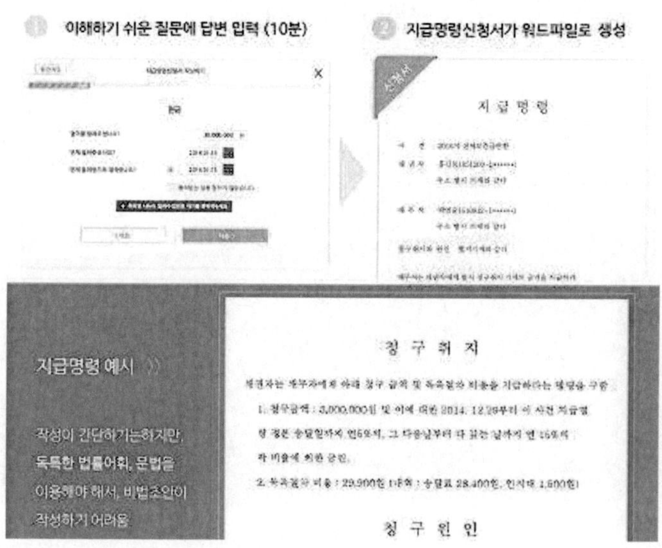

그림 37 법률 스타트업 헬프미의 지급명령 서비스

법률 스타트업 헬프미는 인공지능을 활용하여 '지급명령 헬프미' 서비스를 실시했다. 지급명령 헬프미는 지급명령신청서를 작성하는 변호사의 업무를 상당 부분 자동화한 서비스이다.

또한 전송된 영상정보는 PDP나 LCD와 같은 디지털 디스플레이 장치에 변환 없이 적용할 수 있어 모니터실의 공간 활용을 높일 수 있고 영상저장 시 디지털 디스크 장치에 기록되어 별도의 매체 보관소가 필요 없으며, 검색 시 이벤트를 기반으로 한 조건 검색이 가능하다.

	CCTV 감시 시스템	지능형 감시 시스템
장점	영상을 왜곡 없이 표현 가능	케이블의 단일화 영상 원거리 전송 가능 공간 활용을 높일 수 있음 보관소가 필요 없음 검색에 편리
단점	설치 및 시공이 어려움 보안에 취약 보관소가 필요 검색에 불편 영상의 품질이 고르지 못함	영상의 품질 저하 화면 지연발생 가격이 높음

표 25 CCTV 감시 시스템과 지능형 감시 시스템의 비교

지능형 감시 시스템은 사고 예방을 위한 안전관리나 규정준수, 범칙금 부과, 시설물 훼손 감시와 같은 관리 목적으로도 활용될 수 있다.

적용영역	내 용
거리보안 감시 카메라	시민을 범죄로부터 안전하게 보호하기 위한 거리보안 감시 카메라에 인공지능 기능을 추가하여 범죄가 예상되는 행동에 대해서 실시간 경고를 취할 수 있도록 함
불법 주정차 단속	도심지역의 상습 불법 주정차 지역에 지능형 감시 카메라를 설치하여 일정 시간 이상 비인가 지역에 차량을 주정차 시켰을 경우 자동으로 경고를 방송하고 벌금 고지
수감자 위험관리	교정시설어 수감된 수감자의 위험 행동을 즉각 인지하여 관리자에게 알림
교통량 측정	교통 분석을 위한 기초 데이터 수집을 위해 지능형 감시 카메라가 차량의 종류 및 통행량을 실시간으로 분석하여 정보제공
해안/DMZ 경계	경계범위가 넓고 인력으로 경계하는 것이 어려운 철책 및 보안구역에 주/야간 실시간 감시가 가능한 지능형 감시 시스템을 구축
유적지/산불 방화 감시	24시간 방범이 어려운 주요 사적지 및 산림에 지능형 감시 시스템을 구축하여 비 인가자의 출입 및 위험행동을 즉각 탐지하여 경고함
다리 자살 방지	교각 및 위험시설에 지능형 감시 시스템을 구축하여 자살 및 사고의 위험이 있는 행동에 즉각 대처함
항만 밀수 감시	공항 및 항만의 수출입 지역에 비 인가된 물품의 선적 및 하역을 실시간 감시함

그림 40 지능형 감시 시스템 적용영역별 내용

지능형 감시 시스템의 구축에는 프라이버시 침해에 따른 법적인 문제와 고해상도 카메라, 광대역 전송매체와 같은 기술적인 이슈, 발생 가능한 위반 사항을 미리 고려해서 구축해야 하는 관리 시나리오의 구성과 같은 운영상의 이슈가 존재하고 있지만, U-City 구축과 같은 차세대 도시 관리 시스템에 대한 요구, 보안 인건비 상승에 따른 기업의 운영비용 증가, 감시카메라 영상의 법적 증거 채택이 가능하도록 하는 법령개정의 추진, 보안업계와 고객의 인식 제고라는 호재로 인해 향후 지능형 감시 시스템 구축에 대한 요구는 꾸준하게 향상 될 것으로 판단된다.

5) 추천시스템

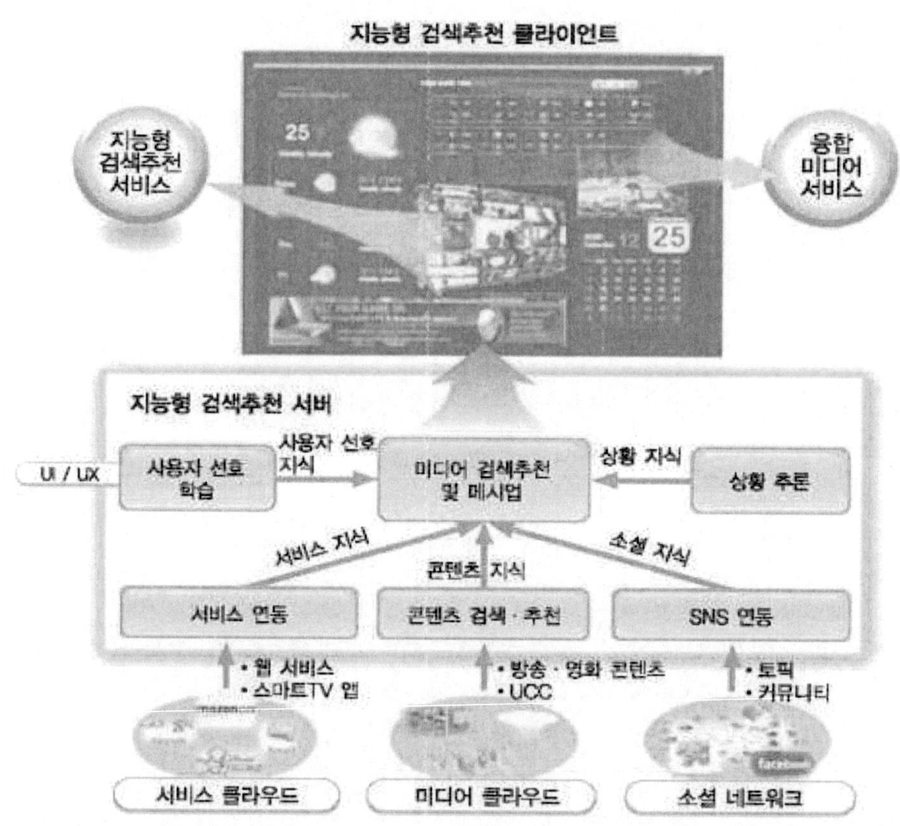

그림 41 지능형 검색추천 서비스의 개념도(출저=네이버지식백과)

29)지능형 검색추천 서비스는 메타데이터 및 상황 지식을 기반으로 사용자 입력 검색어로부터 검색 의도를 분석하여 의도하는 콘텐츠를 정확하게 검색추천하고, 검색된 콘텐츠와 관련 서비스를 의미 기반으로 연동해 제공하는 서비스를 말한다.

---

29) 훤히 보이는 스마트TV, 2012. 12. 31., 한국전자통신연구원(ETRI), 전자신문사

지능형 검색 추천 서비스는 웹 · 앱 서비스 클라우드와 방송 · 영화 · UCC 미디어 클라우드, 그리고 소셜 네트워크의 지식을 기반으로 사용자 선호 학습 및 상황 추론을 통한 사용자 맞춤형 미디어 검색추천 서비스를 제공한다. 또한 사용자가 검색한 다양한 콘텐츠를 의미적으로 관련된 정보 서비스와 연동시켜 새로운 융합형 미디어 서비스를 제공한다.

지능형 검색추천 서비스 기술은 의미 기반 검색추천, 소셜 커뮤니티 기반 검색 추천으로 나눌 수 있다.

① 의미 기반 검색 추천

의미 기반 검색 추천은 콘텐츠에 대한 검색으로, 사용자가 입력한 일련의 키워드에서 사용자의 의도를 파악하여 원하는 콘텐츠를 검색하는 기술로, 먼저 사용자의 검색문을 음성 또는 키보드를 통해 입력받고 검색문의 의미를 파악한 후, 다수 사용자가 남긴 분류정보 분석을 기반으로 관련 콘텐츠를 검색하고, 이를 앞서 분석한 사용자 의도와 선호에 맞춰 원하는 콘텐츠를 추천해주는 과정을 통해 실행된다.

예를 들어, 사용자 검색 문으로 "야구선수 예능프로"가 입력되었다면, 검색문의 의미를 파악하는 과정을 거쳐 "야구선수가 출연한 방송 예능 프로그램"이라는 의미를 알아낸다. 기존 멀티미디어 콘텐츠 검색 엔진인 유투브나 구글 등을 이용하여 관련 콘텐츠를 검색하고 이를 통해 최종적으로 '1박2일'에 출연한 박찬호와 양준혁의, '남자의 자격'에 출연한 양준혁의, '무릎팍도사'에 출연한 추신수와 양준혁과 같은 콘텐츠를 찾아내고 추천한다.

② 소셜 커뮤니티 기반 검색 추천

소셜 커뮤니티 기반 검색 추천은 소셜 커뮤니티를 기반으로 한 검색으로, 소셜 네트워크상에서 동일한 콘텐츠에 관심이 있는 시청 커뮤니티를 검색하여 시청 콘텐츠에 대한 의견 및 정보를 공유하거나, 친구가 시청하고 있는 미디어 콘텐츠를 검색하는 기능을 제공하는 소셜 네트워크 기반 검색 기술이다.

현재 구글은 유투브 사용자들의 비디오 시청 패턴을 딥러닝으로 학습해 다음에 볼 비디오를 추천하는 서비스를 실행 중이고 아마존, 넷플릭스 등은 사용자의 취향에 맞는 제품이나 영화를 추천하는 서비스를 제공하고 있다. 또한 스포티파이, 판도라 등은 기계학습을 이용해 사용자가 청취한 음악을 바탕으로 플레이리스트를 자동으로 생성해주거나 가수를 추천해 준다. 이처럼 최근 인공지능을 바탕으로 한 다양한 추천 서비스가 현재 상용화되어 있다.

그림 42 Youtube의 영상추천 기능

그림 43 추천서비스 회사

6) 지능형 로봇

 지능형 로봇은 외부환경을 인식하고, 스스로 상황을 판단하여, 자율적으로 동작하는 로봇이다. 인공지능과 로봇을 혼동하기 쉽지만 인공지능은 소프트웨어, 로봇은 하드웨어로 전자는 전자과학, 후자는 기계공학과 전자공학의 산물이라고 할 수 있다. 하지만 지능형로봇(Inteilligent robot)이 신 성장 동력으로 대두함에 따라 두 분야는 점차 분리할 수 없는 관계가 되고 있다.

 한국정보과학기술연구원(KISTI)에서는 지능형 로봇을 '시각·청각 등 감각센서를 통해 외부 정보를 입력받아 스스로 판단하여 적절한 행동을 하는 로봇'으로 정의 하고, 한국로봇산업연구조합에서는 '주어진 환경에서 별도의 조작 없이도 스스로 환경을 인지·판단하고 작업을 수행하거나, 인간과의 상호작용을 통하여 서비스를 제공하는 로봇'으로 정의하고 있다.

 지능형 로봇은 물체 인식, 위치 인식, 조작제어, 자율이동, Actuator를 활용하여 작동한다. 인공지능은 로봇이 물체나 위치를 인식하거나 자율이동을 하는 과정에 모두 사용될 수 있다.

<지능형 로봇에 사용되는 주요기술>

	기술내용
물체인식	로봇내부 또는 클라우드에 저장된 학습정보를 바탕으로 물체의 영상, 물체의 종류, 크기, 방향, 위치 등 3D 공간정보를 실시간으로 파악하는 기술
위치인식	로봇이 스스로 공간 지각능력을 갖도록 하는 기술
조작제어	물르건을 잡고 자유롭게 원하는 형태로 움직이는 기술
자율이동	외부 장애물에 관계없이 자유롭게 이동하는 기술(바퀴, 2족/4족)
Actuator	초소형 모터, 인공피부/근육 등 다양한 소재와 가계공학을 통해 움직임을 제어하는 기술

 인간의 사생활에 침투한 지능형 로봇들은 인간을 이롭게 하는 각각의 역할을 부여받으며 가정부로봇, 비서로봇, 배우로봇, 애완로봇, 안내로봇, 요리사로봇, 실버로봇, 서빙로봇, 지휘자로봇 과 같은 다양한 직업을 갖게 되었다.

① 소니의 '아이보(AIBO)'

　세계 최초의 애완용 로봇인 소니의 아이보(AIBO)는 충성스런 경호견이 아닌 감정을 교류할 수 있는 따뜻한 친구로 개발되었다. 애완로봇 아이보는 3D 직종에 종사하고 있는 산업용 로봇들에 비해 생산성은 거의 제로에 가깝지만 정서적인 만족을 안겨준다는 이유로 대중들의 사랑을 한 몸에 받았다. 아이보가 느낄 수 있는 감정은 기쁨·슬픔·성남·놀람·두려움·싫음 등 여섯 가지가 있다. 또한 본능적으로 애정을 받으려는 욕구, 움직이려는 욕구, 주변 물체 탐색 욕구를 가지고 있어서 사람이 머리를 쓰다듬거나 촉각센서를 자극할 경우, 같은 자극이라도 감정과 본능에 따라 '자기 멋대로' 다양한 반응을 보일 수 있다. 30)

② 프런티어의 실버로봇 '실벗(silbot)'

　실버로봇은 고령화 시대 외로운 노인들을 위한 맞춤형 친구로봇이다. 대표적인 실버로봇으로는 21세기 프런티어 지능로봇기술개발사업단이 최근 개발한 지능형 로봇 '실벗(silbot)'이다. '실버 시대의 벗'이란 뜻으로 이름을 붙인 '실벗'은 다정한 신사 이미지가 강한 펭귄 형태로 얼굴 표정과 음성으로 감정도 표현할 수 있다. 실벗은 노인과 모니터를 보며 치매 방지용 게임을 함께 할 수 있는데, 예를 들어 노인은 화면에 바나나가 나오면 손을 허공에 올려 잡는 시늉을 하고 바위가 내려오면 몸을 움직여 피해야 한다. 실벗은 노인의 머리 움직임을 파악, 게임을 잘했다고 판단하면 환호성을 질러 격려를 한다.2) 게다가 "할아버지 우리 고스톱 한번 쳐요!" 하고, 노인정 놀이문화의 선두주자인 고스톱도 함께 즐기면서 노인들의 기억력 감퇴를 방지해 줄 수 있는 기능도 갖췄다고 한다.

③ 한국생산기술연구원의 가수로봇 '에버'

　2009년 국립극장 해오름극장에서 〈에버가 기가막혀!〉라는 판소리 한 마당을 펼친 가수로봇 '에버'는, 한국생산기술연구원의 이호길 박사팀이 선보인 신장 157센티미터, 몸무게 50킬로그램의 우리나라 최초 안드로이드이다. 에버는 탄성을 자아낼 만큼 춘향전의 한 대목인 '사랑가'를 구성지게 부르는가 하면, 우주 로봇이 지구로 찾아와 명창 왕기석 선생에게 판소리를 배운다는 공연의 스토리에 따라 "선생님, 죄송해요. 한번만 더 음을 가르쳐 주세요"라든지 "왕 선생님이 대사 간격, 몸동작까지 계산해서 공연해야 한다고 힘들다며 구박했죠. 그런데 연습한지 3일 만에 제가 제일 예쁘대요. 로봇에게 소리를 가르친 세계 최초의 스승이 됐다고 좋아 하세요"라고 말하기도 한다.

---

30) 도지마와코, 조성구 옮김, 『로봇시대』, 사이언스북스, 2001, 34쪽.

④ 일본 CAI사의 'S돌'

일본 CAI 사가 개발한 대화형 로봇 'S돌'은 턱시도를 입고 나비넥타이를 메고 손님을 맞이하는 호텔리어로봇이다. 호텔의 얼굴이라고 할 수 있는 프런트에서 손님의 일정이나 예산에 맞는 최적의 방과 맛있는 레스토랑 등을 안내할 수 있고 상대방의 반응에 따라 인사나 답도 할 수 있다. 사람 간의 대화에 있어서 상대방의 이야기를 잘못 들었거나 완전히 이해하지 못한 상황에서도 서로 이야기가 통할 때가 있는데, 이것은 현재 이야기하고 있는 화제를 유추해서 부족한 정보나 암묵적 정보를 보충해 가기 때문이다.31) S돌은 이러한 인간 커뮤니케이션 특성을 모델로 하여 음성으로 입력된 단어를 통해 화제를 유추하고, 상대방에게 질문을 하거나 자신이 보유한 데이터베이스에서 화제에 맞는 정보를 검색하면서 대화를 이끌어간다. 게다가 손님과 야구나 날씨 같은 일상적인 화제에 대해 이야기를 나눌 때, 자신이 알고 있는 말이 나올 때까지 기다리면서 자신이 가지고 있는 화제로 대화를 이끌어 갈 수 있다.

⑤ 소프트뱅크의 '페퍼(Pepper)'

소프트뱅크의 페퍼는 감정인식 로봇으로 수줍어하기도 하고, 대화가 만족스럽게 진행되면 흐뭇해하기도 하고, 앞에서 억지웃음을 지으면 "눈은 웃고 있지 않네요."라고 대꾸할 정도로 인간의 감정을 수준 높게 인식하는 센서와 프로그램을 탑재한 로봇이다. 페퍼는 2014년 출시된 이후 다양한 산업분야에서 널리 사용되고 있다.

	도입 전	페퍼 도입 후
코지마 프레스 공업㈜	자동차 부품 생산라인 정지 시. 원인규명 및 생산계획 수정에 많은 시간이 걸리고. 야간근무 감독자가 없어 야간 작업자의 건강 상태를 파악하고 대처하기 힘듦	페퍼가 이상설비 영상을 관리자에게 전달하여 생산계획 Rolling 시간을 1시간 이상 단축했으며. 야간 작업자의 신체 정보를 분석하여 이상 징후 발생 시 신속히 대응
닛산 자동차㈜	매출 확대를 위해 일선 자동차 대리점 입장을 망설이는 내방객(특히 여성)에게 편안하고 기분 좋은 시간을 보낼 수 있도록 지원하여 매출을 확대	'15.11월 'Pepper for Biz' 100대를 대리점의 'Kis & PapaMom 라운지'에 배치하고. 요시모토 로봇연구소와 "자동차 일문일답" 등 4종의 엔터테인먼트 프로그램을 개발하여. 내방객에게 제공
워터 다이렉트 ㈜	일본 전국의 가전 판매점 및 쇼핑몰에서 생수 관련 제품을 판매하고 있으나. 고객을 자사 부스로 유도하거나. 내방객과의 대화를 시작하기가 힘듦	페퍼 모니터를 통해 제품을 조회하고 있는 고객에게 관련 제품을 설명하고. 동행한 어린이가 페퍼와 보내는 시간을 활용하여. 부모와 제품 상담을 효과적으로 진행
네슬레	사람이 제품 설명. 안내. 판촉 수행	페퍼를 매장에 배치하여 고객 응대
OECD 포럼	전시회 운영요원이 영어로 참가객 안내	'16.5.31~6.1. 프랑스 파리 OECD 회의 행사장에서 참석자들에게 영중일 3개국어로 행사일정. 행사장 등 안내

그림 44 산업 현장에서 페퍼 활용 (출처=소프트뱅크 홈페이지 및 언론기사 종합)

---

31) 도지마와코, 조성구 옮김, 『로봇시대』, 사이언스북스, 2001, 204쪽.

⑥ 제조공장 로봇

  북미 최대 규모를 자랑하고 있는 아마존 창고에는 아마존 로봇 1,000여 대가 창고
를 누비며 복잡한 재고 더미에서 주문받은 상품을 정확하게 집어내 컨베이어 벨트에
올린다. 인공지능 명령에 따라 움직이는 아마존 로봇은 초당 30건씩 출고되는 상품의
배송준비를 빠른 시간 내 처리하는데 이는 사람 4명의 일의 양과 같다. 이처럼 최근
제조공장이나 창고에서 로봇을 사용하여 생산성과 효율성을 증대시키는 경우가 많아
지고 있다.

	내용
가와사키 로보틱스의 'duAro'	- '15년 동경국제로봇박람회(IREX)에 공개된 양팔형 협업로봇으로 양손 움직임, 팔의 독립적 움직임이 가능 - 바퀴가 있어 원하는 위치로 자유롭게 이동할 수 있고, 저출력 모터를 탑재했으며 동작이 부드러워 인간과 함께 현장에서 작업이 가능 - 충돌감지 기능이 있어 작업자 부근에서는 로봇이 저속으로 동작 - 로봇이 멈춘 상태에서 사용자가 원하는 대로 로봇을 교육할 수 있음
리싱크 로보틱스의 'Sawyer'와 'Baxter	- 누구든지 쉽게 학습시킬 수 있으며, 주변 환경 변화에 자율적으로 적용해 동작을 바꿀 수 있음 - 사람의 얼굴을 닮은 LCD 화면을 통해 다양한 상태 및 동작, 방향 표시가 가능 - '12년 출시된 박스터(Baxter)는 컴퓨터에 연결된 두 개의 팔을 지닌 인간형 로봇으로 생산 현장에서 사람을 대신해 노동을 수행 - '16.3월 발표한 소이어(Sawyer)는 7축 로봇 팔을 1개 가지고 있음
ABB의 'YuMi'	- '88년 스웨덴 ASEA와 스위스 Brown Boveri의 합병으로 탄생했으며, 전세계 로봇 기업 중 가장 많은 로봇 제품 보유 - ABB의 운동 제어 시스템은 정확도, 속도, 시간 등에서 탁월한 기술력을 보유하고 있음 - 양팔 협업 로봇 YuMi를 선보이고 보급화에 주력하고 있음
KUKA의 'LBR iiwa'	- 1898년 설립되었으며, '73년 Famulus라는 제조업용 로봇, '13년 IIWA(Intelligent Industrial Work Assistant)를 출시 - KUKA는 자동차 제조용 용접 로봇 분야에 강점을 가지고 있어서 GM, Ford, Audi, Mercedes 등 글로벌 자동차 기업의 제조 라인에 적용
화낙의 'CR-35iA'	- '56년 설립되었으며, '76년 데이터 제어 시스템을 개발 - '15.11월 발표한 CR-35iA는 무게 35㎏까지 운반할 수 있으며, 안전 가드 없이 사람과 함께 일할 수 있도록 설계 - Siemens와 공동 연구 통해 세계 최고의 시스템 제어 역량을 확보한 후 제조업용 로봇의 설계, 제조에서도 글로벌 수준 역량 확보

그림 45 제조공장 로봇활용 (출처=소프트뱅크 홈페이지 및 언론기사 종합)

7) 지능형 금융서비스

'로보어드바이저'는 로봇 투자전문가라는 뜻으로, 봇(Robot)'과 전문 자산운용가를 의미하는 '어드바이저(Advisor)'의 합성어다. 로보어드바이저(Roboadviser)'는 고도화된 알고리즘과 빅데이터를 통해 인간 프라이빗 뱅커(PB: PrivateBanking) 대신 모바일 기기나 PC를 통해 포트폴리오 관리를 수행하는 온라인 자산관리 서비스를 일컫는다. 직접 사람을 마주하고 상담하지 않고도 온라인 환경에서 자산 배분 전략을 짜주기 때문에 개인 맞춤형 서비스를 제공할 수 있다. 수수료가 저렴하고 낮은 투자금 하한선을 설정할 수 있는 것이 특징이다.

사람이 아니라 기계가 투자 관리를 한다는 점에서 '시스템 트레이딩'과 로보어드바이저는 닮은 점이 있지만, 시스템 트레이딩은 컴퓨터 프로그램을 이용해 주식을 매매하는 것으로 온라인 자산관리 서비스의 한 종류인 로보어드바이저와는 다르다고 할 수 있다. 로보어드바이저는 고객이 직접 입력한 정보를 바탕으로 포트폴리오를 자동으로 만들어 주고 관리하며, 개인별 위험 감수 성향을 고려한 자산 배분 전략에 따라 포트폴리오를 구성해준다. 로보어드바이저는 기존 온라인 자산관리 서비스와 달리 포트폴리오관리를 알고리즘 기반으로 자동화해 운영하기 때문에 인간의 판단과 개입을 최소화했다. 비용 절감을 추구하기 위해 포트폴리오 상품을 설계한다.

최근 인슈어테크도 화제가 되고 있는데 인슈어테크는 보험(Insurance)과 기술(Technology)을 합친 신조어이다. 보험은 몇 살 때 암 발생확률이 높은지, 위험율과 손해율 등 빅데이터를 바탕으로 미래를 대비하는 산업으로 불린다. 인슈어테크는 '자동 언더라이팅 시스템'을 바탕으로 언더라이팅(보험인수심사)과 판매단계에 혁신을 가져올 것으로 전망된다. '자동 언더라이팅 시스템'은 보험소비자의 기본정보와 보험 관련 정보를 컴퓨터에 입력시켜 컴퓨터 프로그램이 그 정보를 바탕으로 자동 보험계약심사를 하는 시스템으로, 신속하고 효율적인 보험계약심사를 가능하게 한다.

이처럼 4차 산업 혁명이 도래함에 따라 금융업계에도 로보어드바이저가 화제가 되고 있다. 전문가들은 인공지능을 활용해 서비스를 실시하는 로보어드바이저가 금융시장에 위기이자 기회라고 보고 있다. 또한 금융과 IT융합을 통한 금융서비스인 핀테크로 인해 고용시장에 큰 변화가 있을 것이라고 전망한다고 이야기는 나왔지만, 미국은 세법 등이 복잡하고 땅이 넓어 금융권 지점 등이 충분히 보급되어 있지 않아 오히려 RIA (Registered Investment Advisor), 즉 독립투자자문업 형태가 가족 자산을 관리해주는 등 자산관리 시장이 전체적으로 발달해있으나, 자산관리 비용이 따로 부과되는 것이 보통이라 거액자산가들 위주로 PB 서비스가 제공되고 있었다.

하지만 PB 서비스의 비용 대비 효과에 의문을 품은 소위 Millennial 이라 불리는 신세대를 중심으로 저렴한 가격에 간소화된 PB 서비스를 받을 수 있는 로보어드바이저들의 인기가 늘어났다.

특히 미국세법의 특징상 연말에 이익 실현한 주식과 손실 실현한 주식을 상계해서 세금을 계산해야 하는데 이를 때에 따라 절세 효과를 내도록 매수 매도하여 상계시키는 소위 Tax Loss Harvesting 을 로보어드바이저 업체들이 제공하면서 관심을 끌게 되었다.

Tax Loss Harvesting 의 효과는 업체에 따라 2% 가량 된다고 주장하기도 하지만 전혀 효과가 없다고 주장하는 측도 있다. 저렴하고 효율적인 IT 솔루션이 어렵고 복잡하고 의심스러운 금융회사들을 대체할 것이라는 모종의 기대감도 로보어드바이저라는 키워드를 확산시키면서 운용자산은 계속 늘고 있으나 이는 스타트업 투자붐을 활용하여 확보한 자금으로 막대한 마케팅 예산을 집행하여 얻은 반쪽짜리 결과라는 평가가 지배적이며, 현재는 그 성장세마저 둔화된 상태이고 로보어드바이저의 적은 수수료 구조와 높은 마케팅 비용으로 인해 선두업체들은 아직까지는 상당한 적자를 기록하고 있다.

로보어드바이저 업체들의 총 운용자산 약 20조원은, 전체 미국 투자자문업 시장의 약 1%가 안 되는 규모이기에 혹자는 현재까지의 로보어드바이저를 성공적으로 보기는 어렵다고 평하고 있다.[32]

---

32) 네이버 나무위키 - 로보어드바이저

8) 기타

① 건설업

 건설 부분은 1980년대 후반부터 인공지능 관련 연구를 시작했지만 실용화 단계로 가기에는 기술수준이 미약하여, 단지 연구 차원에서 관련 논의가 이루어지고 있는 실정이다. 현재 해외에서 무인건설장비 개발이 시도되었지만 아직 장난감 수준이며, 시물의 무인 건설장비는 개념수준에 머무르고 있다.

 하지만 자동화 설계, 실적데이터에 기반한 최적 공정계획 작성 및 업데이트, 정확한 물량과 최신 단가를 반영한 견적, 구조 등 엔지니어링 계산, 설계오류의 종합적 영향분석, 계측장비와 연동된 시설 안전진단, 실시간 건설리스크 관리 가 가능 하면서 또한 현재 최근에는 현대엔지니어링 에서도 다양한 사업영역에서 인공지능을 적용 중이라고 나왔다. 그래서 현재 인공지능의 건설업의 변화가 더욱더 발전될 전망이다.

② 기사작성

 2014년부터 미국LA에서 지진이 발생했을 때부터 기사작성에 인공지능을 활용하는 움직임이 시작하였다. 인공지능을 활용한 기사작성을 위한 기술은 서로 다른 것들을 표현하기 위해 미리 병합된 단어와 문장을 사용하는 것으로부터 시작된다. 예를 들어 어떤 영화가 관람객들에게 5개의 별을 받았다면, 인공지능은 이 영화에 "대단해요"나 "놓치지 마세요."와 같은 말을 조합하는 반면, 1개의 별만 받았다면, 인공지능은 "시간낭비에요"나 "피해야 할 영화"라는 문장을 사용할 것이다. 향후 많은 전문가들은 인공지능을 이용한 '자연어 생성'은 오타와 수정에 들어가는 시간을 줄여줄 수 있으며 간단한 정보를 전달하는 기사를 작성하는데 들어가는 인력을 줄일 수 있겠지만 인공지능이 쓴다는 기사는 단순 팩트를 기사형식에 대입해 재배열하는 수준인 것이다. 즉 정확히 말하면 인공지능은 기자를 대체하는 것이 아니라, 기자업무 중 스트레이트 기사작성 부분만 맡게 되는 것이다.

③ 돌고래 언어 해독

 스웨덴 스타트업 가비가이AB는 KTH 왕립공과대학과 함께 돌고래 언어를 해독하는 4년 프로젝트에 돌입했다. 이론상 돌고래 언어를 해석하는 것은 외국어를 해석하는 것과 다르지 않아서, 가비가이AB는 돌고래 언어 데이터를 최대한 많이 모아 인공지능을 활용하여 외국어 해석과 같은 방법으로 돌고래 언어를 해석하려 하고 있다.

④ 게임

'마이크로소프트 인공지능 시스템 '말루바'는 999,999점으로 팩맨 게임에서 만점을 찍으면서 사람이 득점한 266,330점의 기록을 깼다. 말루바는 '분할정복기법'을 사용해 게임을 150개의 작은 단위(에이전트)로 쪼깨어 단위별로 먹이를 찾거나 유령의 행동을 학습했고, 게임 동작 패턴을 학습했다. 그리고 다시 이를 합쳐 게임을 정복하는데 활용했다. 이를 연구한 연구진은 이런 방식으로 아케이드 게임을 깨는 걸 넘어, 협상 확률을 강화하는 알고리즘 등에 활용할 수 있을 것으로 예상한다.

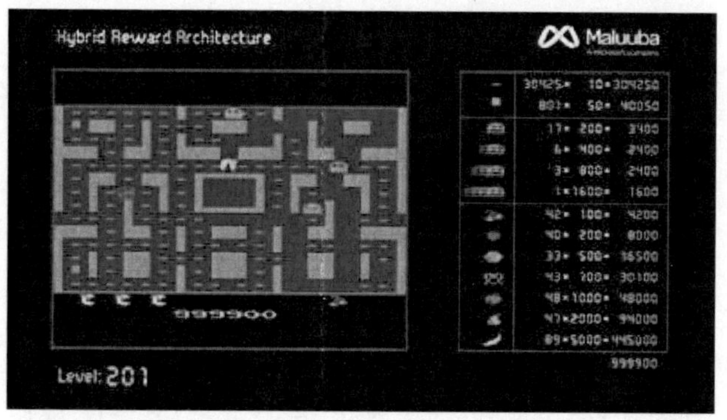

그림 46 마이크로소프트인공지능 시스템인 '말루바'

⑤ 그림그리기

구글의 '오토드로우' 서비스는 펜으로 서툴게 그림을 그려도 멋진 그림으로 탈바꿈해 주는 서비스이다. 그림을 그리면 웹사이트 상단에 인공지능이 사용자 의도를 짐작해 다양한 추천 그림을 제시한다. 특별히 추천하는 그림에는 노란색 별 표시가 뜬다. 추천 그림의 데이터베이스는 구글의 디자이너 에린 버트너, 일러스트레이터 줄리아 멜로그라나 등 아티스트 7명이 협업해 만들었다. 그림체도 아티스트별로 여러 개로 나오는데, 마음에 드는 것을 선택해 사용할 수 있다.

그림 47 오토드로우와 협업한 아티스트들이 각자의 스타일로 그린 그림 (사진=구글 블로그)

⑥ 위기상담

미국의 문자메시지 기반 24시간 위기 상담 서비스 '크라이시스 텍스트 라인(CTL)'은 몰려드는 상담 문의를 한정된 인력으로 모두 대응하기 어려운 점을 극복하기 위해 인공지능의 힘을 빌렸다. 대화 내용, 시간, 발신자 위치, 나이, 성별, 생년월일, 이용자 후기 등이 포함된 3300만 건에 이르는 상담 문자를 인공지능으로 분석했다. 이 분석으로 고 위험군을 먼저 가려내고 더 위급한 순간을 판단해 상담에 효율적으로 응대할 수 있는 시스템을 만들었다.

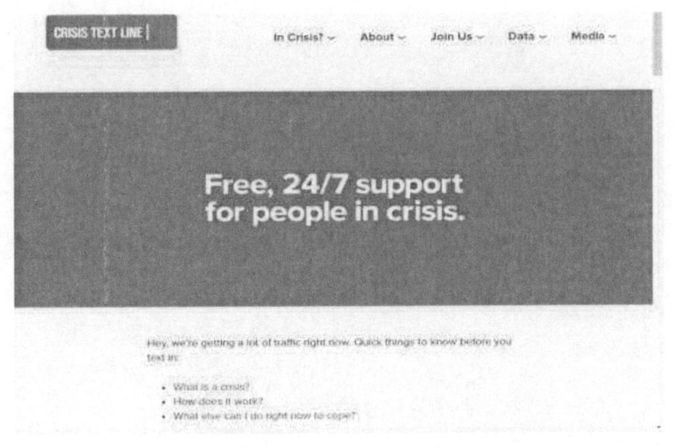

그림 48 위기 상담 서비스 '크라이스트 텍스트 라인'

⑦ 미인대회

 '뷰티닷에이아이'는 최초로 로봇 판정단으로만 이뤄진 미인대회다. 로봇들은 마이크로소프트가 후원하는 딥러닝 그룹 청년실험실이 만든 인공지능 모델을 기반으로 돌아간다. 인공지능은 많은 사람의 사진 데이터를 바탕으로 얼굴 균형, 피부, 주름 등 미를 구분할 수 있는 모든 기준을 객관화한다. 그 자료를 바탕으로 나이, 인종, 성별 등으로 나눠진 그룹 안에서 외모 순위를 매긴다.

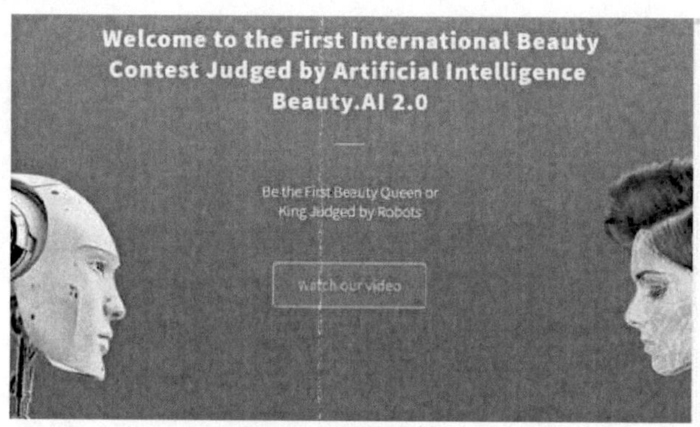

그림 49 Beauty.ai 홈페이지 화면

⑧ 목소리 재현

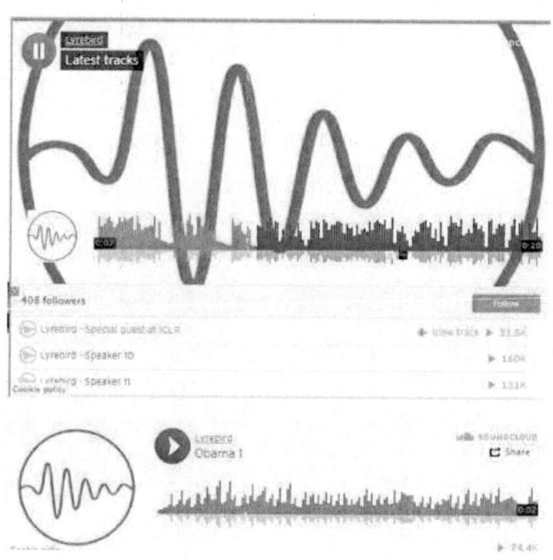

그림 50 라이어버드

 캐나다 몬트리올 스타트업 라이어버드는 사람 목소리를 재현하는 데 인공지능 기술을 사용했다. 필요한 것은 단 60초 정도의 음성 녹음 데이터다. 어도비의 '프로젝트 보코', 구글 딥마인드의 '웨이브넷'도 음성 모방 기술을 선보인 바 있다.

그러나 프로젝트 보코의 경우 최소 20분 정도의 샘플이 있어야 알고리즘을 만들 수 있다. 라이어버드의 알고리즘은 수십 초짜리 음성 데이터만 있다면 0.5초 안에 문장 1천개를 생성할 수 있다. 이 알고리즘은 몬트리올대학 몬트리올학습알고리즘연구소 (MILA)에서 개발한 딥러닝 모델을 기반으로 한다. 재현 수준이 완벽한 것은 아니나 감정을 담은 목소리까지 재현할 수 있어 몇 년 안에 진짜 목소리와 구별할 수 없는 수준에 이를 수 있다고 한다. 말을 못하는 장애인들의 음성 보조도구나 개인 비서용, 유명인의 목소리로 듣는 오디오북, 애니메이션이나 비디오 게임의 내레이션 등 다양한 용도로 쓰였다.

　예를 들면, MBC 다큐멘터리 <너를 만났다>에서도 VR콘텐츠로 가상현실로 만들어내면서 많은 주목을 받았다. 희귀 난치병으로 세상을 떠나야 했던 딸을 먼저 보내야 했던 아이의 엄마는 가상이지만 딸의 생전 모습을 구현해 엄마와 만나는 장면을 만들어 큰 화제를 모았다. 아이의 모습은 생전사진과 동영상 데이터를 기반으로 얼굴 표정과 몸짓, 목소리 등을 분석해 복원했다. 아이는 VR 세상에서 만난 엄마에게 "엄마 어디 있어?", "내 생각 했어?" 라고 말하면 시청자들의 눈시울이 붉혀지면서 세상을 떠난 아이의 목소리를 복원한곳이 '네오사비엔스'이다.

그림 51 MBC 다큐 멘터리 <너를 만났다>

⑨ 디자인

하이패션 디자이너 브랜드 '마르케사'는 IBM과 협업해 최초로 인공지능 드레스를 제작했다. 마르케사 디자이너들은 우선 드레스에 표현하고자 하는 감정을 결정한다. 이후 IBM 인공지능 왓슨이 디자이너들이 결정한 감정에 따라 색깔, 옷감, 재단 방식 등을 추천했다. 왓슨은 마르케사 디자인에 대한 이미지 수백 장을 미리 학습해 마르케사 브랜드 스타일 범위 내에 디자인을 제안했다.

그림 52 IBM 왓슨과 마르체사가 협업으로 만든 드레스

⑩ 불법 복제 유통 차단

디지털 기술이 발전함에 따라 불법 복제품 · 위조품과 저작권 침해 이미지, 불량품 등을 인공지능으로 빠르게 찾아낼 수 있는 시대가 도래 했다. 지적재산권 침해 문제가 많아지고 있는 현대사회에 발맞추어 신기술이 등장했다.

사례로 진품 이미지 불법 도용 탐지 AI 솔루션을 제공하는 에이아이스튜디오는 불법 도용을 막기 위해 사용자들이 올린 수천 개의 이미지 검토 후 부적합한 이미지를 찾아 삭제하는 작업을 진행하고 있다. 해당 AI솔루션을 통해 저작권 침해 이미지 검색 삭제 시간과 비용을 크게 절감할 수 있을 것으로 기대하고 있다.

또한, 마크비전은 지식재산권 침해 여부 판단과 위조 상품 게시물 관리·신고·삭제까지의 과정을 한 번에 자동화해주는 AI플랫폼을 개발하였다. 최근 전자상거래 웹 플랫폼 쿠팡이 이 서비스를 연동하였으며, 국내 대표 온라인 쇼핑몰을 대상으로 해당 서비스를 확대할 계획이라고 한다. 해당 기술들을 활용한다면 점점 늘어나고 있는 이커머스 상품 이미지 도용 및 불법 복제와 같은 저작권 침해 방지에 도움이 될 것으로 예상된다.

최근 과학기술정보통신부와 관세청은 데이터 댐·AI융합프로젝트의 일환으로 'AI 불법 복제품 판독 실증랩'을 개소하였다. 'AI 불법 복제품 판독 사업'은 정부 디지털 뉴딜 대표 과제인 데이터댐을 기반으로 한 AI융합 프로젝트 중 하나이다. 이번 AI 불법 복제품 판독 실증랩 개소로 국내 AI기업들은 그동안 영업비밀이라는 이유로 확보가 어려웠던 데이터를 학습해 기술력 향상 및 초기 시장 확보에 도움 될 것으로 예상된다. 인공지능 불법 복제품 판독시스템의 활용으로 연간 5.2만 건에 이르는 지식재산권 침해를 줄일 수 있기 때문에 국내 산업이 보호되고, 위조 상품으로 인한 안전사고도 예방할 수 있다.[33]

< 출처 : "AI, 브랜드 제품 진품·짝퉁 구분하는 감별사 역할 톡톡", <메트로신문>, 2020.10.11. >

---

33) 디지털콘텐츠기업 성장지원센터 '불법복제품, 이제 인공지능(AI)으로 잡아낸다!'

⑪ 예술

창작하는 AI 개발에 앞장서고 있는 기업은 구글이다. 구글은 끊임없는 연구를 통해 예술 창작 분야에 적용할 수 있는 AI를 '레벨 업'하고 있다. 구글의 AI 화가 '딥 드림'(Deep Dream)이 유명 화가의 작품을 재연한 29점의 그림은 2016년 2월 미국 샌프란시스코에서 열린 경매에서 총 9만 7,600달러의 판매가를 기록했다. 이후 모방의 단계를 넘어 인간 고유의 창작 영역에도 AI가 근접할 수 있는지를 실험 중이다. 이는 엄청난 양의 데이터를 스스로 학습하는 머신 러닝(Machine Learning) 기술을 통해 가능하다. 구글은 2016년 6월 예술작품을 창작하는 AI를 개발하는 '마젠타'(Magenta) 프로젝트에 착수하면서 AI가 작곡한 80초가량의 피아노곡을 공개했다. 알파고로 유명한 영국의 딥마인드(Deep Mind)와 협력해 개발한 AI '엔신스'(NSynth·신경신디사이저)가 머신 러닝으로 작곡한 곡이다. 1,000여 개 악기와 약 30만 개의 음이 담긴 데이터베이스를 구축하고 이를 엔신스에게 학습시켰다.

그림 54 마젠타 프로젝트

스스로 진화한 AI는 혼자 그림도 그린다. 2016년 네덜란드 델프트 공대와 렘브란트 미술관, 마이크로소프트가 개발한 AI '넥스트 렘브란트'(Next Rembrandt)가 그린 렘브란트풍 그림이 시작이었다면 이제는 창작의 단계로 넘어갔다. 전 세계에서 19개 팀이 100개의 작품을 출품한 2018년 로봇아트대회(http://robotart.org)의 수상작 중에는 여전히 유명 화가의 그림을 모방한 작품들이 있지만 누구의 화풍도 연상되지 않는 새로운 작품도 등장했다. AICAN(AI Creative Adversarial Network)은 인간의 명령이나 개입 없이 독자적으로 그림을 그리는 AI 화가로 미국 러트거스 대학의 예술과 인공지능 연구소가 개발했다. AICAN의 첫 작품은 현재 2만 달러에 판매 중이며 최신작의 판매가는 2,500~3,000달러 선으로 책정되어 있다.(www.aican.io) 기존의 AI처럼 특정 화가의 작품을 학습하고 모방한 그림이 아니라 재해석해서 완전히 새로운 그림을 창작했다.

그림 55 AI 화가 'AICAN'의 첫 작품

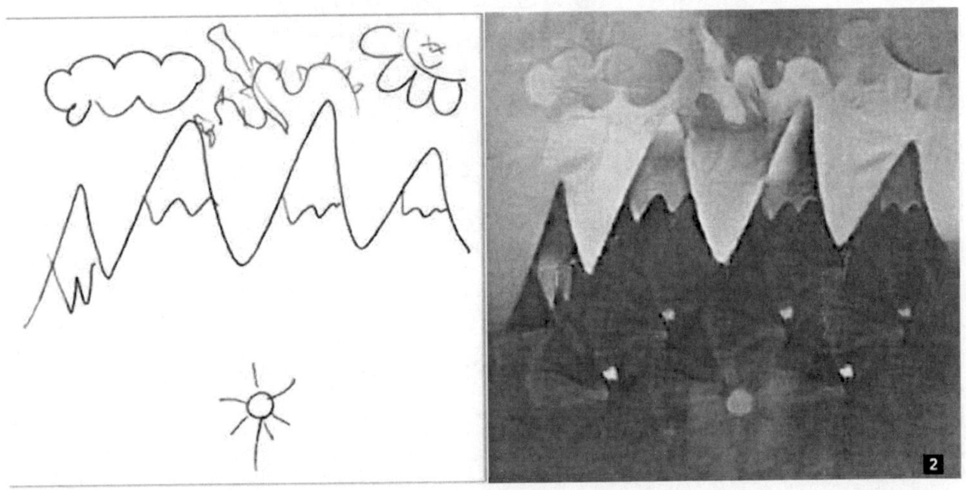

그림 56 단순한 스케치를 제시하면 그럴듯한 작품으로 완성해주는 AI '빈센트'

　그림을 잘 못 그리는 인간을 대신해주는 AI도 등장했다. 단순한 스케치만 제시해도 그럴듯한 작품으로 완성해주는 AI '빈센트'(Vincent™)는 2017년 10월 'GTC 유럽'에서 처음으로 공개됐다. 캠브리지 컨설턴트의 인공지능 연구실 디지털 그린하우스에서 단 두 달 만에 데모를 완성했다. 미국의 10대 연구자 로비 바랏(Robbie Barrat)이 개발한 AI는 2018년 5월 21일자 <블룸버그 비즈니스위크>의 AI 특집판 표지 그림을 그렸다1)기존 작가나 디자이너의 영역에까지 AI가 진입한 셈이다.

　그렇다면 시나 소설을 쓰는 AI도 가능할까? 마이크로소프트가 중국에서 발표한 AI '샤오빙'(小氷)은 2017년 5월 세계 최초로 AI 시집 <햇살은 유리창을 잃고>를 출간했다. 샤오빙은 1920년대 이후의 중국 현대 시인 519명의 작품 수천 편을 스스로 학습해 1만여 편의 시를 썼고 이 중 139편이 시집에 수록됐다. AI 시인의 출현은 AI의 언어 구사력과 표현력이 인간에 점점 가까워지고 있음을 의미한다.

그림 57 AI '샤오빙'이 펴낸 시집
<햇살은 유리창을 잃고>

　국내에서는 AI 소설만 출품할 수 있는 공모전도 열렸다. KT는 2018년 4월 AI 소설 공모전을 개최했다. 총상금 1억 원에 최우수상 상금은 3,000만 원으로 규모가 여느 문학 공모전 못지않았다. 웹소설 연재 플랫폼 'Blice'(www.blice.co.kr)에서 <무표정한 사람들>, <설명하려 하지 않겠어> 등 응모작 5편을 볼 수 있다. 가끔 매끄럽지 않은 문장이 눈에 띄긴 하지만 예상보다 자연스럽게 이야기가 전개된다. 독자들의 반응도 나쁘지 않다. 진짜 AI가 쓴 작품이라니 놀랍다, 인간보다 나은 것 같다는 내용의 댓글이 달려 있다.

　음악 분야는 조금 더 속도가 빠르다. AI가 작곡은 물론 무대에서 실연까지 하는 수준이다. 스페인 말라가 대학이 개발한 AI 작곡가 '이야무스'(Iamus)의 곡을 런던심포니오케스트라가 연주한 해가 2012년이다. 2015년에는 미국 예일대에서 개발한 '쿨리타'(Kulitta)가 바흐의 전곡을 학습해 바흐풍의 음악을 작곡했다. AI가 작곡한 곡은 음반으로도 나왔다. 소니 컴퓨터 과학 연구소가 개발한 AI '플로 머신즈'(Flow Machines)는 데이터베이스에 저장된 1만 3,000여 곡을 학습한 후 2016년 9월 <대디스 카>(Daddy's Car)와 <미스터 섀도>(Mr. Shadow)라는 곡을 내놓았다. 2018년 1월에는 15곡이 수록된 첫 앨범 <헬로 월드>(Hello World)를 발표했다.

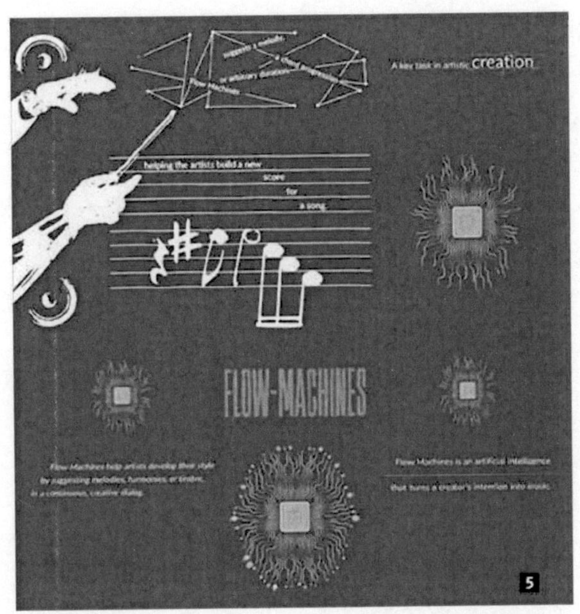

그림 58 소니 컴퓨터 과학 연구소가 개발한
작곡 AI '플로 머신즈'

　AI는 즉석에서 곡을 만들어 예술가들과 함께 공연하기도 했다. 야마하는 2017년 11월 22일 개발 중인 댄스 인식 피아노 연주 AI를 도쿄대 예술대 공연장에서 시연했다. 유명 무용수 모리야마 카이지(森山開次)가 등에 센서를 붙이고 춤을 추면, 움직임을 감지한 AI가 이를 멜로디로 바꿔 피아노를 연주한다.(http://youtu.be/21injmy1wsU) 흡사 유령이 연주하는 것처럼 연주자 없이 건반만 움직인다. 인텔은 2018년 6월 열린 '컴퓨텍스 2018 e21포럼' 기조강연에서 사람의 연주를 듣고 AI가 실시간으로 음악을 연주하는 AI 밴드의 라이브 공연을 선보였다. 이렇듯 작곡하고 연주하는 AI 분야는 유관 기업들 사이에서 개발 경쟁이 치열하다.[34]

　이제 예술업계는 AI를 사용한 창작을 받아들일 준비를 해야 한다. 작품에 관한 아이디어는 작가가 구상하고, 스케치와 채색은 AI가 담당하면 된다. 어떤 키워드와 내용으로 텍스트를 입력할지, 어떤 이야기와 메시지를 담은 그림을 생성할지를 의도하고 떠올리는 일은 인간 고유의 영역의 일이다. 이렇게 생성된 이미지를 어떻게 활용할 것인지, 세상에 무엇을 시사 할 것인지도 사람에게 달려 있다. 미래를 살아갈 예술가들에게 가장 필요한 자질은 이제 AI가 갖지 못하는 '창조성'이 될 것이다. 다만 작가는 AI 이미지 선택, 디자인, 데이터 수집, 모델 학습 및 분석의 모든 과정에서 자신이 만들고 발전시키는 기술에 대한 책임감을 가질 필요가 있다. 원작품의 이미지를 차용할 경우, 저작권에 대한 윤리적·법적 기준 확립을 포함한 관련 이슈에 대해서도 사회 전체가 심도 있고 실효성 있는 논의를 계속해 나가야 한다.[35]

---

34) 서울문화재단 '인공지능의 문화예술 창작 사례 인공지능, 너도 예술가니?'
35) 주간경향 '[특별기고]AI가 예술가를 대체? 예술가의 도구 될 수도'

⑫ 대형 생활 폐기물 처리 시스템

　행정안전부는 '인공지능 객체 인식 기반 대형 생활 폐기물 처리시스템 구축 사업'을
추진 중이다. 대형 생활 폐기물을 스마트폰으로 찍으면 학습된 인공지능이 자동으로
폐기물을 인식하고 분류해 요금을 알려준다. 기존에 주민센터를 방문해 신청서를 작
성하고 신고하던 절차가 줄어들어 주민들의 편의가 증대될 것으로 기대된다. 본 시스
템은 서울시 은평구를 대상으로 시범 사업을 한 뒤, 보완 과정을 거쳐 지자체 전체로
확대하였다.

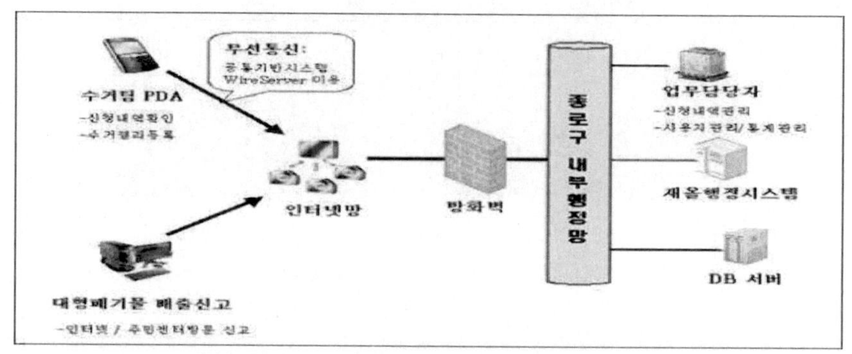

종로구 대형 생활폐기물 처리 과정 시스템

그림 59 아시아 경제뉴스

⑬ 기상청 AI예보관

　기상청이 2027년까지 개발을 목표로 연구중인 인공지능(AI) 기상예보 프로그램 '알
파웨더'의 중간 연구 결과가 공개됐다. AI를 적용해 기상예보에 필요한 수치모델 계
산 속도를 60배 높이고 예보관이 원하는 정보를 수차례 검색 없이 간편하게 찾는 기
능도 도입돼 쓰이고 있는 것으로 나타났다. 향후에는 자료를 스스로 읽고 예보를 내
놓을 수 있도록 인간 예보관 대비 90%의 정확도를 확보하는 것이 목표다.

　기상청은 온라인 기상강좌를 열고 알파웨더의 개발 중간결과와 목표에 관해 소개했
다. 알파웨더는 기상청이 행정안전부 벤처형 사업의 지원을 받아 2019년 7월부터 개
발을 시작했다. 이혜숙 국립기상과학원 인공지능예보연구팀을 중심으로 벤처형 조직
을 꾸려 13명이 연구를 진행하고 있다.

기상청은 AI가 예보관의 예보생산과정을 학습하고 예보관이 신속하고 정확한 예보정보를 생산할 수 있도록 돕는 프로그램을 목표로 2027년까지 3단계 과정을 거쳐 알파웨더를 개발한다는 계획이다. 2021년 1단계에서는 예보관을 지원하는 정보를 제공하는 프로그램을 만든다. 2단계는 2024년까지 지역별로 다양한 특화 예보 서비스를 개발하고, 3단계는 국민 개개인에게 생활 패턴에 맞는 기상정보를 제공하는 게 목표다.

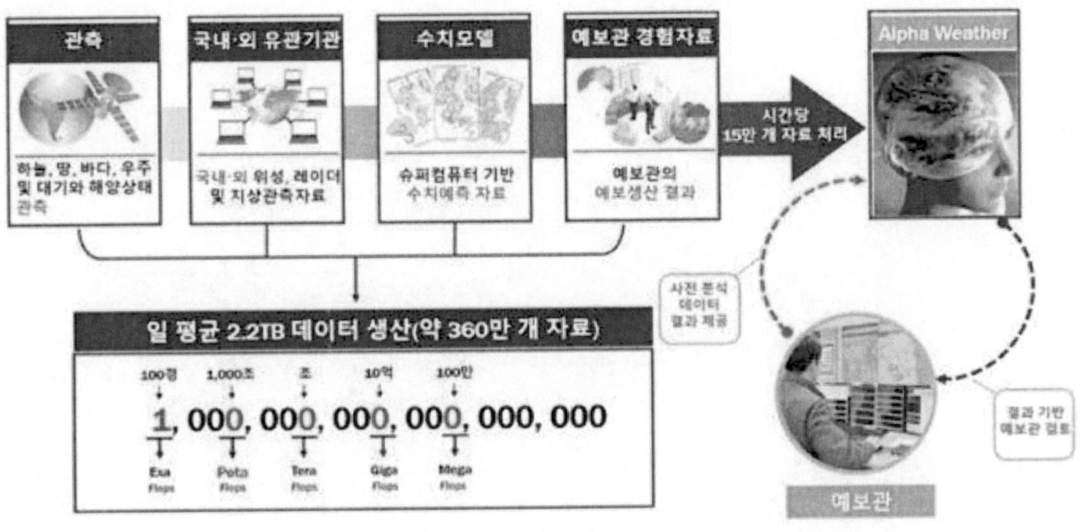

그림 60 기상청이 개발 중인 AI 기상예보 프로그램 '알파웨더'의 개념도

알파웨더는 데이터를 분석해 나온 산출물을 예보관에게 전달하는 것 외에도 스스로 새로운 예보를 만들어내는 것도 목표로 하고 있다. 이미 예보관에게 하루 평균 2.2테라바이트(TB) 용량, 360만 개의 자료가 전달되는 만큼 이를 분석하는 것이 한계에 다다르고 있다는 설명이다. AI가 산출물을 분석해 일정 수준의 예보를 전달하면 예보관이 이를 분석해 더 정확한 예보를 전달할 수 있게 된다.

알파웨더는 예보관 대비 90% 예보 정확도를 갖추는 것을 최종 목표로 두고 있다. 일각에서는 이를 넘어서면 AI가 인간 예보관보다 더 높은 정확도를 가지면 인간 예보관이 필요 없는 것 아니냐는 지적도 나온다. 이 팀장은 "최종 정보를 예보관에게 전달해 예보관이 마지막 예보 정확도를 더 향상시킬 수 있다"며 "산출물이 예보관에 전달되면 예보관이 정확도를 20~30% 향상시켜 예보가 나가는데 이 정확도를 더욱 높이는 것을 목표로 개발을 추진하려 한다."고 말했다.[36]

---

36) 동아사이언스 '기상청 인간 예보관 보좌할 AI예보관 개발 중…90% 정확도 목표'

라. 인공지능과 접목 가능한 기술별 동향

4차 산업 혁명 시대가 도래함에 따라 이를 이끄는 기술(ICBMS)들이 주목받고 있다. 4차 산업혁명 시대에 핵심 경쟁력의 앞 글자를 따서 만든 I(IOT, 사물인터넷) C(Cloud, 클라우드) B (Bigdata, 빅데이터) M(Mobile, 모바일) S(Security, 보안), ICBMS는 4차 산업의 성패를 가르는 중요한 기술들로 이 기술들과 인공지능이 만난다면 엄청난 시너지 효과를 낼 수 있을 것이다.

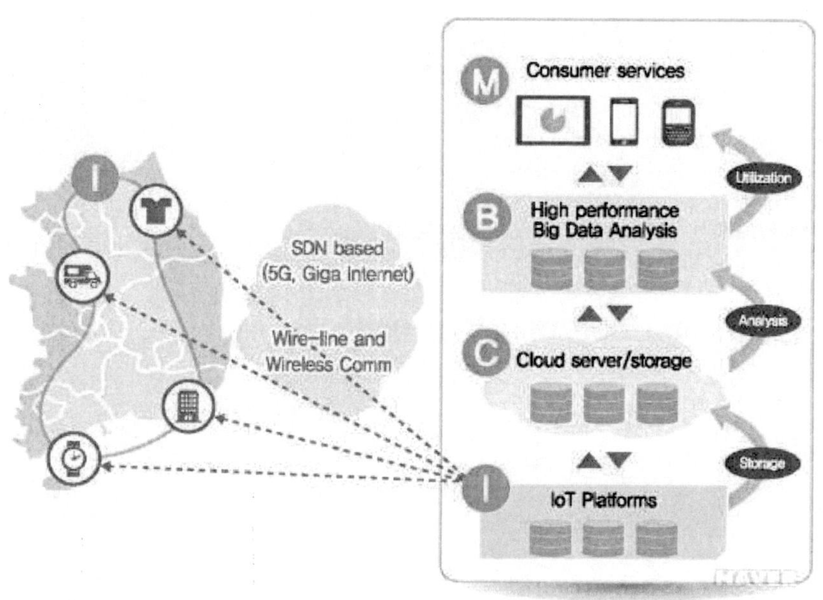

그림 61 4차 산업혁명 핵심 기술

이 파트에서는 미래의 정보산업에 중추가 될 새로운 기술들이 인공지능에 어떻게 적용될 수 있을지 살펴보도록 하겠다.

① IoT와 인공지능

'사물인터넷(IOT)'은 네트워크에 각종 장치와 애플리케이션을 연결해 삶을 보다 '스마트'하게 만드는 기술로 초기에는 센서와 칩 개발위주로 진행되었으나, 이제는 기기가 보낸 자료를 처리하고 분석하는 기술의 정교함에 집중되고 있다.

최근 기기가 보낸 자료를 처리하고 분석하는 과정에 인공지능 기술을 접목하여 단순히 피드백을 받아 제어했던 기존의 시스템에서 네트워크를 통합하여 안전하고 신뢰성 있는 분산제어가 가능한 지능형 시스템으로 진화하였다.

2016년 스위스에서 열린 다보스 포럼에서 4차 산업혁명 사회는 모든 것이 연결되고 보다 지능적인 사회이며, IoT와 인공지능을 기반으로 사이버와 현실세계가 네트워크로 연결된다고 하였다. 이러한 지능형 CPS(cyber-physical system)를 통합 시스템으로 구축하였다.

 지능형 CPS는 센서가 부착된 다양한 사물인터넷 기계들이 우리가 살아가는 물리적 세계의 측정 가능한 다양한 데이터들을 측정하고 축적한 후 인공지능을 이용하여 축적된 데이터를 해석하여 스스로 작동하는 기술이다.

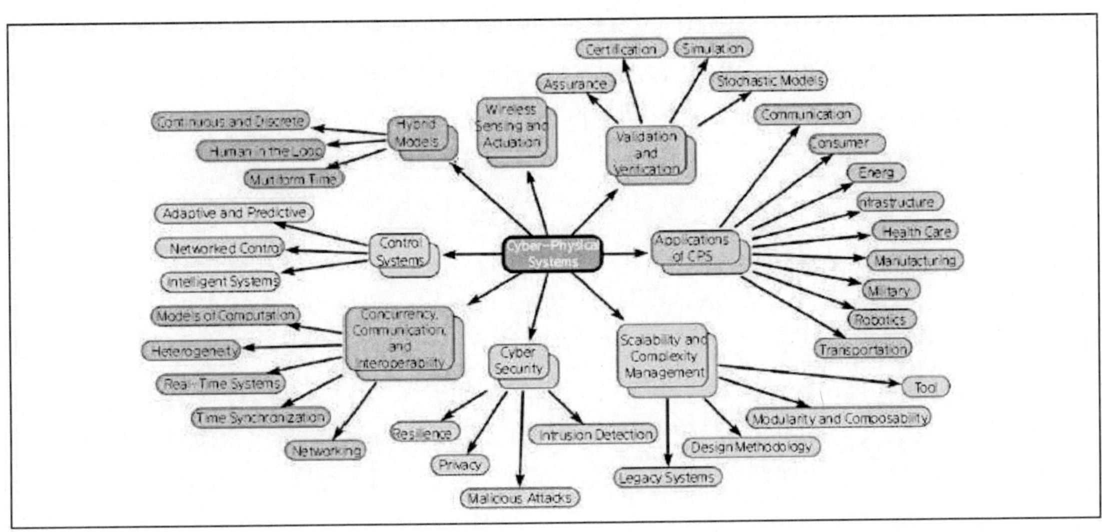

그림 62 CPS 기술 맵

 CPS의 크게 Control, Computation, Communication으로 나눌 수 있다. Communication은 데이터를 수집하는 기술이고, Computation은 수집된 데이터를 바탕으로 어떤 계산을 수행하여 출력된 정보를 제공하는 기술이다. 마지막으로 Control은 제공한 정보로 제어를 하기 위한 기술이다.

 간단한 예를 들어 살펴보면, 공장에서 센서를 이용하여 다양한 데이터(온도, 습도 등)를 수집하는 것은 Communication기술이며 이를 이용하여 공장을 제어하기 위한 정보(온도가 30도 이상이다, 습도가 높다 등)를 제공하는 것은 Computation 기술이다. 마지막으로 제공된 정보를 이용하여 공장을 제어(에어컨을 켠다, 제습기를 켠다 등)하는 것은 Control 기술이다.

과거 Computation 과정의 대부분이 작업자의 단순한 입력을 받아서 실행되었으며 입력 또한 MES[37]등에 저장된 데이터를 계산하여 결과를 표시했기 때문에 결과가 정확하지 못했다. 이런 문제를 해결하기 위하여 최근 인공지능을 이용, 경험적이지 않고 저장되어 있지 않은 데이터를 받아 시뮬레이션을 수행하여 공정 대기시간 및 불량률을 최소화 하고 돌발 상황 발생 시에도 실시간으로 대응할 수 있는 기술이 개발되고 있다. 뿐만 아니라 인공지능을 이용한 기술을 사용하는 경우 예측 결과에 따른 선행적 공장제어 및 관리가 가능해진다.

기존에는 4M[38]을 개별적으로 모델링해서 시뮬레이션을 수행 했는데 이 경우 서로 연계가 되지 않고, 확률 통계 모델을 주로 이용하여 정확한 공정 데이터를 반영하지 못하는 단점이 발생하였다. (특히 MAN(작업자)은 사람마다 능력이 다르고, 신체도 다르기 때문에, 수식으로 표현한 모델링 결과가 작업자에 대한 정확한 특성을 반영하지 못하였다.) 하지만 인공지능을 이용하는 경우 다양한 형태의 알고리즘을 만들어낼 수 있어 작업자에 대한 정확한 모델을 만들 수 있게 되었다.

앞서 살펴본 지능형 CPS외에도 스마트 플러그에 인공지능이 적용되어 사용자의 일일 시간대별 전기사용량을 학습, 센서와 연동하여 사용하지 않는 시간대나 사람이 부재중인 경우 전력을 차단하거나 스마트 전등과 인공지능을 결합하여 일조량에 따라 적절한 색온도를 맞추거나 시간대별로 밝기를 조절하는 등 사물인터넷과 인공지능이 결합된 지능형 사물인터넷은 일상생활에도 쉽게 접목될 수 있다.

② 클라우드(cloud)와 인공지능

인공지능은 방대한 양의 데이터를 저장, 분석, 처리해야 하는 플랫폼이고 개발적 입장에서는 자사가 가진 데이터를 기반으로 인공지능 적용 가능성을 빨리 확인할 수 있고, 클라우드 환경에서의 다양한 인공지능 기술과 연계할 수 있기 때문에 클라우드 서비스는 없어서는 안될 존재이다. 현재 아마존이나 구글, IBM, 마이크로소프트(MS)는 클라우드 서비스를 기반으로 다양한 머신러닝 플랫폼을 제공하고 있어 고객은 단순한 API(application programming interface) 호출을 통해 이미지나 음성 인식, 자연어처리, 번역 등의 기능을 바로 사용할 수 있다.

---

37) MES(Manufacturing Execution System Shop Floor)환경의 실시간 모니터링, 제어, 물류 및 작업 내역 추적 관리, 상태파악, 불량관리 등에 초점을 맞춘 현장 시스템(출저 : naver지식백과)
38) 4M이란 제조과정에서 공정의 변동을 줄 수 있는 4가지 요소. Man(작업자), Machine(기계설비), Material(재료), Method(작업방식).

클라우드 컴퓨팅 세계의 최강자 아마존웹서비스(AWS)는 Lex라는 인공지능 플랫폼 서비스를 제공한다. Lex는 자동 음성 인식(ASR), 자연어 이해(NLU), 추론을 위한 고급 딥 러닝 기능을 제공하며 이를 활용하면 챗봇과 같은 대화형 인터페이스를 갖춘 애플리케이션을 구축할 수 있다.

소셜 커머스 티몬은 상품이미지 중 '숨겨진 금칙어'를 찾기 위해 구글의 '클라우드 비전 API'를 활용하고 있다. 이 서비스는 이미지를 수 천개의 카테고리로 빠르게 분류하고, 이미지 내 개별 개체와 얼굴, 광학문자를 인식하여 이미지에 포함된 단어를 찾아 읽어준다.

신한은행은 퍼블릭 클라우드가 아닌, 내부시스템 구축 (프라이빗 클라우드)을 통한 인공지능 플랫폼 구축을 나서면서 은행권 최초이다. 기존 인공지능 제품 도입이 아니라 은행업무에 최적화된 플랫폼을 구축해 '디지털 신한'을 구현하겠다는 의도다. 신한은행은 지난해 북미법인의 인터넷뱅킹 서비스인 아마존웹서비스(AWS)을 활용했지만 이번 인공지능 플랫폼은 자체 클라우드 인프라 내에서 운영할 계획이다.

이를 위해 최근 인공지능 코어 플랫폼 및 챗봇 서비스 인프라 시스템 구축에 착수하였으며, 챗봇 도입으로 24시간 상담이 가능하도록 상담 시간을 늘릴 계획이다. 상담사들이 없는 야간에도 단순 상품 문의나 조회업무는 챗봇을 이용해 응대할 수 있도록 체계를 마련한다. 주간에도 제한된 상담사 인력으로 대기하는 시간이 줄어들 수 있다.

신한은행은 플랫폼을 도입해 향후 확장 가능한 인공지능 플랫폼을 구현하려는 것으로 보인다. 앞으로 은행들의 인공지능 도입은 챗봇을 넘어 플랫폼으로 확장될 가능성이 크다. 오라클 역시 머신러닝을 활용, 데이터베이스(DB) 구축부터 관리와 튜닝까지 자동으로 수행하는 새로운 버전의 클라우드 DB를 내놓으면서 오직 오라클만이 하나의 플랫폼에서 모바일, 웹, 웨어러블, 봇 전체에 대한 압도적인 사용자 경험을 만족할 수 있도록 지원한다. 또한, 오라클은 기술의 발전에 발맞춰 AR/VRDMS 물론 아직 상상조차 할 수 없는 소비자 디바이스 등 새로운 분야의 혁신을 계속해고 고객들이 선호 하는 채널을 통한 지속적인 소총을 지원할 것이다.

③빅데이터(Bigdata)와 인공지능

 인공지능은 많은 양의 데이터를 필요로 한다. 인공지능의 다양한 분석방법과 기술들은 빅데이터와 만나면서 인간의 지각능력, 이해능력, 추론능력 등을 본격적으로 실현시킬 수 있게 되었다. 따라서 빅데이터는 인공지능을 화려하게 부활하게 만든 결정적인 분야라고 할 수 있다.

 빅데이터를 지식처리 인공지능은 빅데이터를 이용하여 스스로 학습하고 지식을 축적하며 사용자와 의사소통을 하고 필요에 따라 자율협업을 통해 지식의 공유 및 진화가 가능한 차세대 SW기술을 의미한다.

 빅데이터 지식처리 인공지능 시스템은 일반지식, 전문지식 등에 대한 분석/추론 및 심층학습을 통하여 전문가 수준의 문제 해결 및 의사결정을 지원할 수 있어야 한다. 또한 인간수준의 지식·지능 체계를 이용하여 의사소통 및 자가 학습, 도메인 확장이 가능한 지식베이스를 스스로 구축하는 지능 진화형의 지식 생산능력이 있어야 한다. 마지막으로 다양한 기기에 탑재된 이종 지식 베이스 및 기기 간의 자율협업을 기반으로 발현되는 협업지능을 통해 새로운 문제를 스스로 사고하고 해결하는 기능을 가져야 한다.

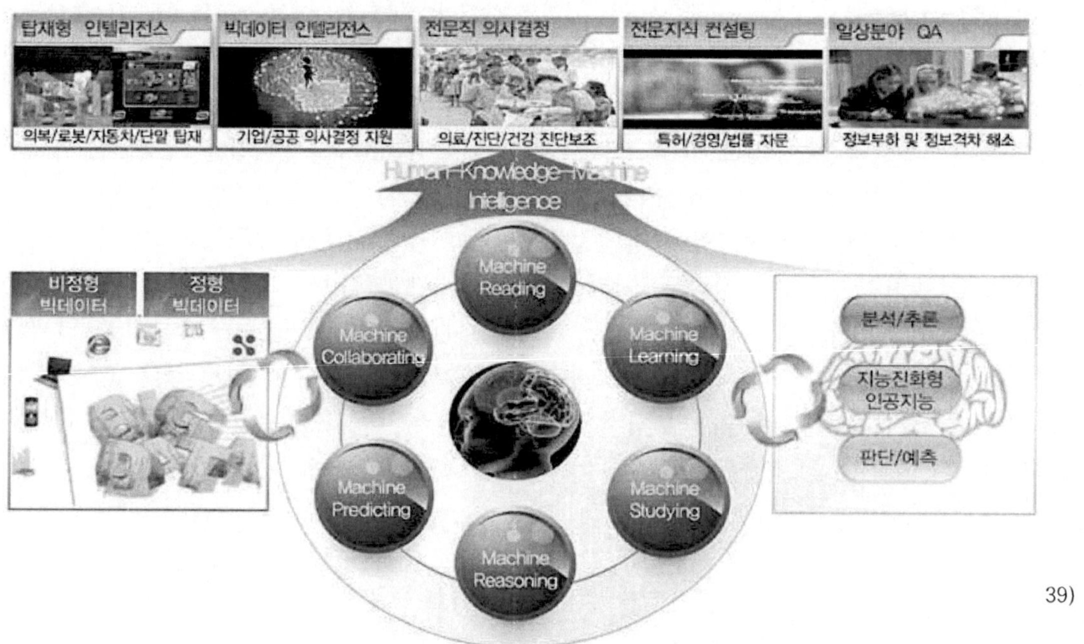

그림 63 빅데이터 지식처리 인공지능 SW 개념도

---

39) 2014 빅데이터 지식처리 인공지능 기술동향

IDC는 현재 창출되는 데이터의 약 5%정도가 지식화되고 있으며, 10년 후에는 지금보다 약 50배가량의 데이터 폭증이 있을 것으로 전망했다. 이처럼 지식화되지 못하고 버려지는 95%의 데이터를 지식화하기 위해서는 데이터의 심층이해 기술과 스스로 학습하고 판단하여 지식을 구축하는 기술, 인간의 뇌를 모사하여 지식처리가 가능한 인공지능 원천 기술 등이 포함된 지능형 지식처리 SW 플랫폼의 개발이 필수적라고 할 수 있다.

이와 관련하여 미국, 일본, 유럽은 물론 국내에서도 국가 차원의 대규모 프로젝트가 추진하였는데 그 결과 국내 빅데이터 및 분석 시장은 2023년까지 연평균 성장률 11.2%를 기록하며 2조 5,692억 원의 규모에 달할 것으로 전망했다. 전망 기간 동안 전체 시장에서 IT 및 비즈니스 서비스가 연평균 16.3% 성장하며 가장 큰 비중을 차지할 것으로 내다봤다. 이에 기업은 디지털 트랜스포메이션(DX)을 위한 노력을 지속적으로 기울이고 다양한 형태의 클라우드 환경 전환을 활발히 고려중인 것으로 나타났다.

이를 성장 동인으로 빅데이터 및 분석 시장은 그 규모와 가능성에 있어 꾸준한 발전을 보이고 있으며, 빅데이터 기반의 고급 분석 및 인공지능 시스템 구축을 위한 데이터의 필요성 증가 요인에 의해 관련 시장은 향후 지속적 성장이 예측된다.

④모바일(Mobile)과 인공지능

최근 모바일에 인공지능이 머신러닝이나 지능형 비서와 같은 하나의 기능으로 녹아들어가며 모바일 생태계가 변하고 있다. 다양한 모바일 기기 회사들은 모바일 기기에 지능형 어시스턴트를 탑재하고 있다. 하지만 단순한 음성기반의 인공지능 어시스턴트를 내장하거나 연계해서는 소비자에게 충분히 만족을 주기 어려운 것이 현실이다. 소비자들이 원하는 본질적인 어시스턴트는 내가 처한 상황이나 행동양식을 파악해 이를 기반으로 개인화된 지능형 서비스를 제공하는 것으로 이는 스마트폰 또는 온라인에 있는 사용자의 데이터에 접근해야하므로 결국 프라이버시 이슈와 연계될 것으로 예상된다.

애플이 시리를 선제적 서비스로 전환하면서도 모든 데이터를 서버로 전송하지 않고 스마트폰에서만 활용하겠다고 선언했듯이 스마트폰 내의 데이터에만 국한하여 지능형 비서를 만들 것인지, 온라인에서 확보할 수 있는 관련 데이터들을 기반으로 더욱 세밀하고 정확한 비서를 제공할 것인지는 앞으로 기업들에 있어 중요한 의사결정 포인트가 될 것이라고 예측했다.

하지만 말의 속도, 크기, 발음에 다라서 천차만별이고 사용자의 음성에 대한 데이터베이스를 쌓아서 인식률을 높이는 방시이기 때문에, 많이 사용하지 않으면서 인식률이 더 낮았으나 IOS 8까지 오면서 응답속도와 인식률이 높아져서 메모의 장문의 글을 구술하는 경우 쓸 만한 편이었지만 최근 들어, 다른 인공지능 음성서비스에 비해 너무 뒤쳐진 성능과 잦은 버그 등을 보여주고 있으며 이전만큼의 호응은 얻어내지 못하고 있다. 이후 인공지능을 활용한 인식기술은 이미지 인식, 음성 인식 등의 인지 기능을 넘어서 웹을 기반으로 하는 다양한 서비스를 만들어 냈다. 대부분의 모바일 기기에서 얻어지는 데이터는 클라우드 서버로 보내져 처리된 후 다시 모바일 기기로 제공되고 있지만 향후 모바일기반에서 이루어지는 기본 서비스로 내장되었다.

그리고 최근에는 코로나 19로 인한 실내 엔터테이먼트 시장 확대로 게임, 동영상 등 모바일 트래픽이 증가하면서 원활한 모바일 데이터 대역망 확보의 중요성이 대두되었다. 현재 IBM이 제작 중 에 있는 인공지능 칩 '뉴로모픽 칩'은 100만 개의 뉴런과 2억 5천 6백만 개의 시냅스를 갖고 있다. 공장 생산이 가능한 형태로 개발되었다는 것이 특징이지만, 이 칩을 활용할 수 있는 학습 등 응용 기술이 없고 확장성에 한계가 있어 이 연구가 중단 되었다.

즉, 다가올 미래에는 뉴로모픽 칩의 궁극적 목표는 연산처리 능력의 향상과 전력 효율성 개선에 있으며, 기존 컴퓨터가 넘어설 수 없는 확률 계산과 불확실성 관리를 토대로, 인공지능이 더욱 정확한 발전 노선을 걷게 하는 것입니다. 또한 현재 반도체 기업뿐만 아니라 전통적으로 반도체 기업이 아닌 구글, 애플 등도 인공지능 기반의 칩을 개발하고 있는 중이다.

이로 인해 뉴로모픽 칩의 상용화로 웨어러블 디바이스, 인지로봇 및 모바일 단말 분야, 자율주행 자동차, IoT 디바이스 분야를 중심으로 전개될 사회 전반의 강력한 파급 효과를 예측된다.

최근 스마트폰 AS분야에 인공지능을 접목시키는 연구가 진행 중에 있다. 스마트폰 수리과정에 인공지능을 적용하면 분석 정확도와 데이터 처리 속도가 향상되며 고객별 맞춤형 서비스를 제공할 수 있으며 컴퓨터가 스스로 데이터를 모으고 분석하여 해결책을 찾기 때문에 시간이 지날수록 사후서비스가 더욱 정교하고 빨라질 것이다. 이에 LG전자는 휴대폰 상태를 스스로 진단하고 해결책을 제시하는 '스마트 닥터' 어플리케이션에 인공지능을 적용하였다. 따라서 빠르고 정확한 진단과 사용자에게 수준별 맞춤형 가이드를 제공해준다. 즉 스마트폰을 오래 사용하면 필요 없는 데이터가 쌓이게 되는데 이것을 정리해주는 역할을 하고 또한 스마트폰을 분실을 해도 백업을 해놓으면 복원이 가능 하다.

⑤보안(Security)과 인공지능

정보 보안 분야 주요 학회 등을 중심으로 기계학습 및 딥러닝 등의 인공지능 기술을 활용하여 보안 관제, 위협 탐지 및 예방 등 정보 보안 목적을 달성하기 위한 논의가 활발하게 진행되며 나날이 진화하는 사이버 공격에 보안 사고를 효과적으로 방어할 수 있는 해결책으로 인공지능 기술이 떠오르고 있다.

과거 새로운 공격 패턴에 대응하기 위해서는 정보 보안 전문가들이 기존에 대응해 본 경험을 가지고 분석 및 학습을 해야 했지만, 인공지능을 이용하는 경우 인공지능이 전문가의 학습과 판단을 보완하거나 어떤 위협과 취약점에 초점을 맞춰야 하는지 알려주거나 이미 발생한 침해 사고의 공격자를 추적하고 찾아내는 일도 할 수 있고, 또한 더 나아가 소프트웨어 개발 시 보안상의 결함을 찾아내어 사전에 조치함으로써 소스 코드의 품질수준을 높이는 과정에 인공지능을 활용했다.

소프트웨어 정책연구소에서 정보 보안에 인공지능을 적용할 수 있는 분야를 다음과 같이 이야기 하였다.

정보보안 적용 분야	인공지능 기술
침입탐지 및 예방	-전세계 위협 정보를 수집하여 새로운 위협 사전 탐지 및 예방 -Fraud Detection: 정확한 검출 및 오분류에 따른 비용 절감 -Anomaly Detection: 알려진 위협에만 대응하는 Signature 기반의 한계를 극복하여 새로운 사이버 위협 예방
침투 테스트	화이트 해커에 의존하던 침투테스트를 AI가 지원, 대체함으로써 보다 견고한 보안 취약점 개선
침해사고 후 진단 및 대응	침해사고 원인을 AI가 진단하고 이에 걸맞는 조치 방법 제안

표 19 정보보안 분야와 접목가능한 인공지능 기술

V. 시장동향

5. 시장 동향

가. 국외 시장 현황

현재 인공지능 관련 시장은 인공지능에 대한 관심이 전 세계 기업 및 기관에서 높아지면서 급속도로 성장하고 있다. 글로벌 시장조사 업체인 마켓앤마켓은 보고서를 통해 AI 시장 규모가 2022년부터 2027년까지 연평균 36.2%의 성장률을 기록, 869억 달러(약 120조4000억 원)에서 4070억 달러(약 563조9000억 원)로 커질 것이라고 예측했다.[40]

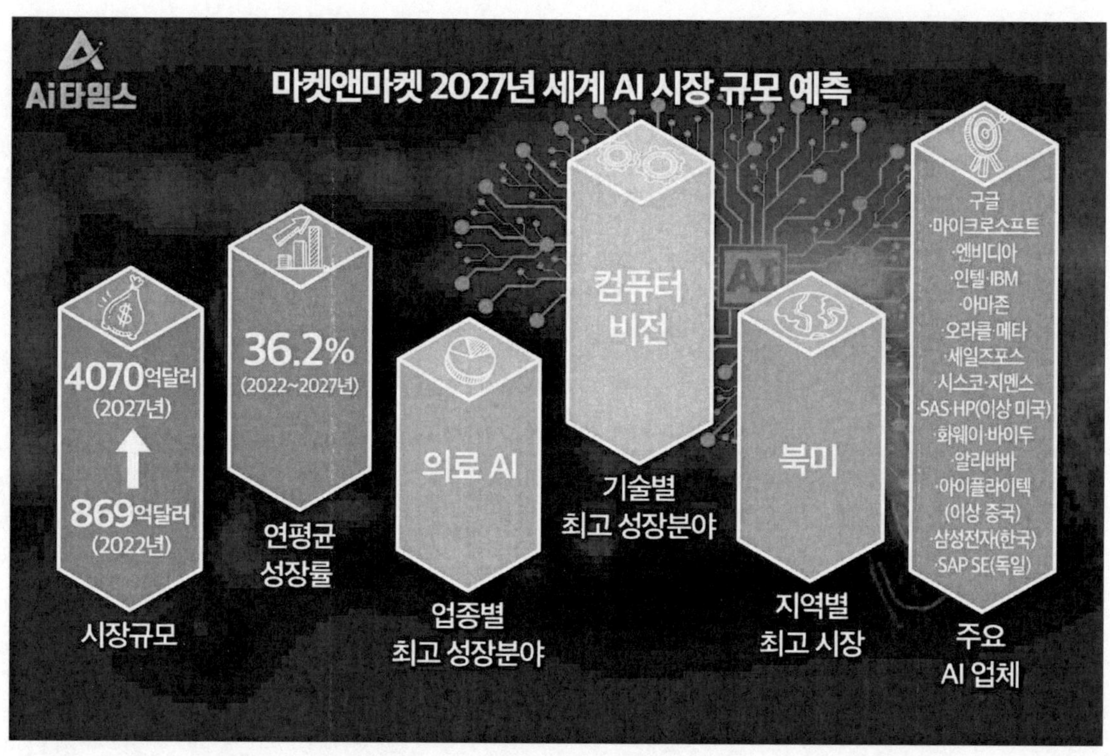

또한, IDC에 따르면 '전 세계 인공지능(AI) 시장 전망 보고서'를 통해 2022년에는 18.8%의 성장률을 기록하며, 2024년에는 5000억 달러를 돌파할 것으로 예측했다. IDC는 AI 시장을 소프트웨어, 하드웨어, 서비스 시장으로 구분한다. AI 소프트웨어 시장이 전체 AI 시장의 88%에 달하지만, 성장률 측면에서는 AI 하드웨어 시장이 향후 몇 년간 가장 빠른 성장을 보일 것으로 예상된다. 2023년부터는 AI 서비스 시장이 가장 빠르게 성장할 전망이다.[41]

---

40) AiTimes '세계 AI 시장 규모, 2027년 563조로 4.6배 성장'
41) TECHWORLD '한국IDC, 2021년 전 세계 AI 솔루션에 3418억 달러 지출 전망'

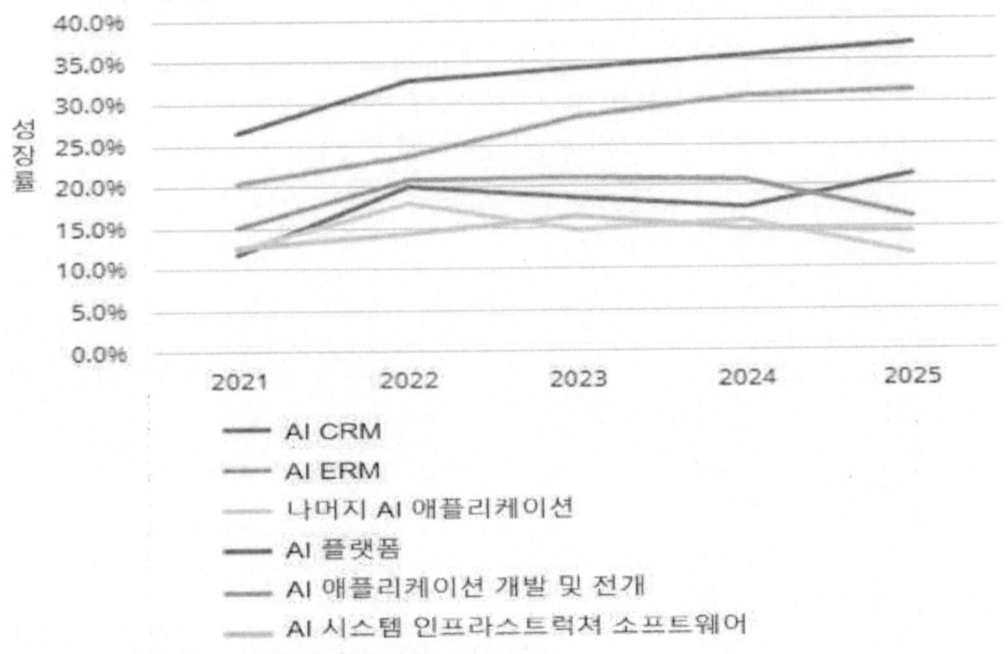

그림 65 전 세계 AI 소프트웨어 전망(2021~2025)

인공지능 시장의 규모를 기술별, 응용분야별, 산업별로 더 자세히 살펴보면 다음과
같다.

① 기술별 인공지능 관련 시장 매출액 규모 전망[42]

인공지능 관련 기술은 다음과 같이 크게 4개로 나눌 수 있다. 그 중 딥러닝 시장은
연평균 22.3%로 가장 큰 성장률을 보이고 있으며 뒤이어 자연어처리(20.4%), 머신러
닝(17.2%)가 높은 성장률을 보이고 있다. 아래 매출액 전망과 성장률은 실제 시장 변
동에 따라 예측과 차이가 있을 수 있다.

기술별	2022	2023	2024	2025	연평균 성장률 (CAGR)
컴퓨터 비전 (computer vision)	38	43.5	49.9	57.3	14.7%
머신러닝 (Machine Leaning)	62	72.6	85.1	99.8	17.2%
딥러닝 (Deep Learning)	21	25.6	31.4	38.4	22.3%
자연어 처리 (Natural Language Processing)	29	34.9	42.0	50.6	20.4%
전체	150	176.6	208.4	246.1	74.6%

표 20 기술별 인공지능 관련 시장 매출액 규모 전망 ('22~'25) (단위 : 억 달러)

② 분야별 인공지능 관련시장 매출액 규모 전망

---

42) 출저 : Tractica(2015)자료 참조하여 비피기술거래 추정치 적용

　인공지능의 응용 및 적용영역은 크게 11개로 나눌 수 있고, 자율주행 자동차(47.6%)가 가장 높은 성장률을 보이고 있다. 매출액 전망과 성장률은 실제 시장 변동에 따라 예측과 차이가 있을 수 있다.

분야별	2022	2023	2024	2025	연평균 성장률
의료	14	19.1	26.1	35.6	36.6%
금융	9	11.3	14.3	18	26.1%
제조	8	10.6	14	18.6	32.7%
소매	7	8.9	11.5	14.7	28.3%
광고	5	6	7.3	8.8	21.1%
음성인식	30	35	40.8	47.6	16.7%
이미지 및 비디오분석	17	20.6	25	30.4	21.5%
자율주행 자동차	14	20.6	30.5	45	47.6%
예측 분석	5	6	7.2	8.8	20.8%
보안	7	8.5	10.3	12.5	21.5%
로보틱스	10	13.3	17.9	23.9	33.8%
전체	126	159.9	204.9	263.9	306.7%

표 21 ('22~'25) (단위 : 억 달러)

③ 산업별 인공지능 관련 시장 매출액 규모 전망

 인공지능 산업은 광의로 인공지능을 생산·유통·활용하는 소프트웨어, 하드웨어, 서비
스 산업을 지칭한다. 이 중에서 인공지능 소프트웨어가 전체 인공지능 시장 매출의
80%를 차지하며, 그중 대부분은 인공지능 솔루션의 매출이다. 나머지는 AI 플랫폼에
서 발생하고 있다.[43]

산업별	2022	2023	2024	2025	연평균 성장률 (CAGR)
소프트웨어	40	51	65	82.9	27.5%
하드웨어	14	18.8	25.4	34.2	34.8%
서비스	11	15.1	20.7	28.5	37.5%
전체	65	84.9	111.1	145.6	99.8%

표 22 산업별 인공지능 관련 시장 매출액 규모 전망('22~'25) (단위 : 억 달러)

---

43) 한국수출입은행 해외경제연구소(2021) 「인공지능산업 현황 및 주요국 육성 정책」

다음으로, 국가별 인공지능 시장의 전망에 대해서 살펴보면 다음과 같다.

1) 중국

중국의 인공지능 시장 규모는 2019년 기준 104억 달러 이며 코로나 19 전염병은 기업의 디지털 및 지능형 혁신을 가속화하고 AI 오픈 플랫폼에 유리한 형성을 이루며 2020년에는 222억 달러에 도달하였다.

IRESEARCH의 통계에 따르면 2019년 AI 오픈 플랫폼 시장은 104억 1천만 달러에 달하며, 2024년까지 579억 9천만 명, 향후 5년간 연평균 성장률이 41%에 이를 것으로 예측된다.

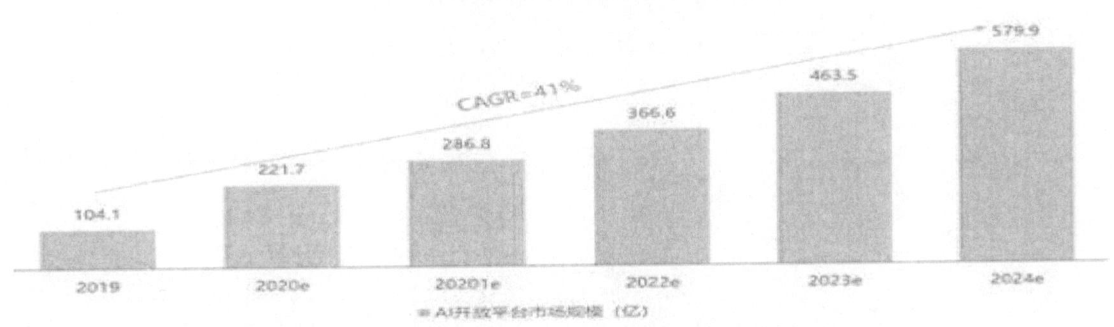

44) 바이두 중국인공지능 시장규모 연평균 성장률(2019-2024)

또한, IRESEARCH의 컨설팅 회계 데이터에 따르면 2019년 컴퓨터 비전, 음성 기술 및 NLP는 각각 44.2%, 30%, 13.6%로 컴퓨터 비전에 가장 큰 기여를 할 것으로 예상됩니다. 한편, 컴퓨터 비전 기술은 음성 기술에 비해 더 비싸다.

또한, 중국의 AI산업은 새로운 성장 포인트에 직면하게 될 것이며, 새로운 기술의 도입으로 더 많은 혁신적인 응용 프로그램이 가능해질 전망이다. 중국의 AI 산업 규모는 2020년 1천500억 위안(약 25조7천890억 원)에서 연평균 26.8% 성장해 2025년 4천500억 위안(약 77조3천640억 원)까지 확대될 것으로 예상된다.[45]

---

44) 출처: iResearch, 2020
45) 연합뉴스 '중국의 AI 굴기…2025년 산업 규모 77조원까지 커진다'

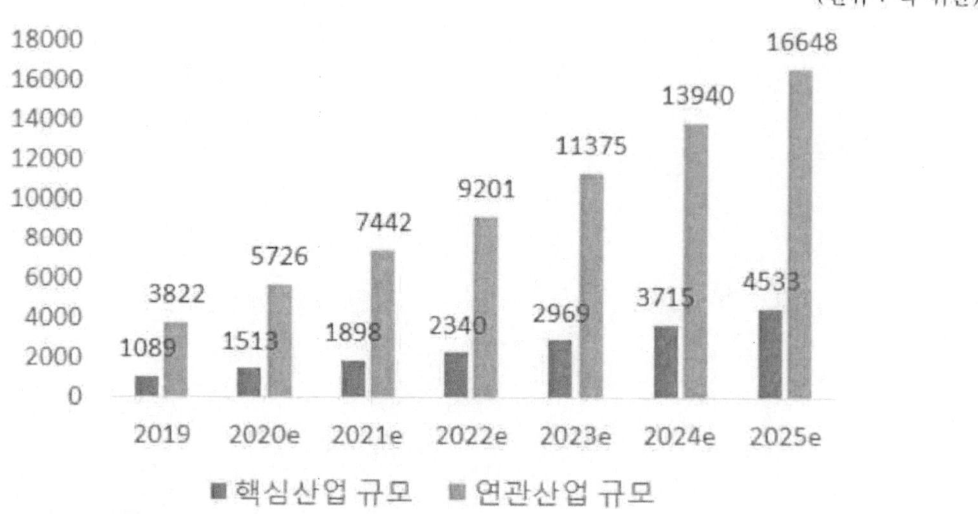

　우선 중국은 논문 발표나 특허 출원에서 미국을 앞선다. 스탠퍼드대의 'AI 인덱스 2022' 보고서에 따르면 중국의 AI 논문 인용률은 27.84%(2021년 기준)로 미국(17.45%)이나 유럽(21.13%)을 압도한다.

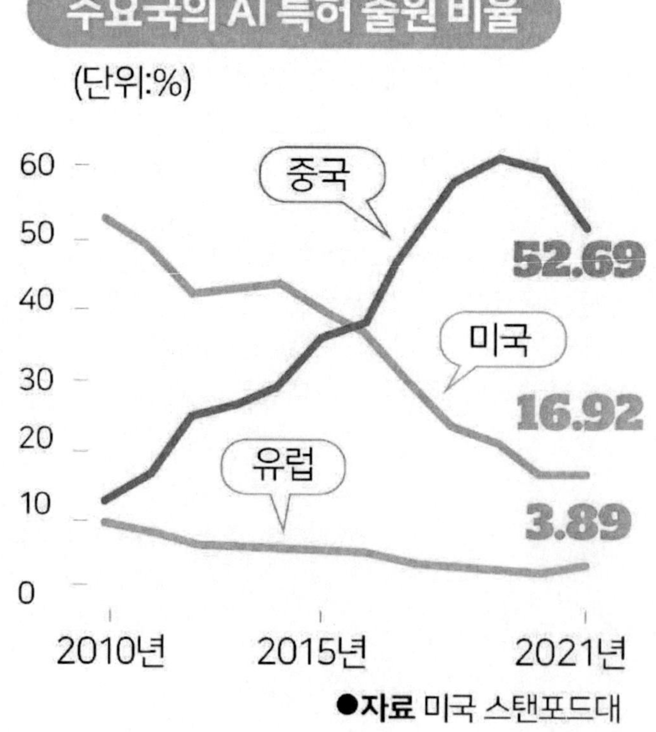

특허출원도 전 세계의 절반 이상(51.69%)을 중국이 차지한다. 챗GPT와 같은 범용AI 분야에선 미국의 우세가 공고하지만, 얼굴 인식이나 자율주행 쪽에선 격차가 미미하거나 오히려 중국이 앞선다는 평가다.

인재 측면에서도 우위에 있다. 인공신경망학회(NeurIPS)에 따르면 세계 최고 수준의 AI 연구 인력 가운데 중국 출신 연구자(학사학위 대학 기준)는 29%로 미국(20%)을 크게 앞서고 있다. 세계적인 AI 석학 주쑹춘 교수가 미국을 떠나 중국 칭화대로 돌아가는 등 과학 인재들의 '귀국 러시'도 본격화되는 모습이다.[46]

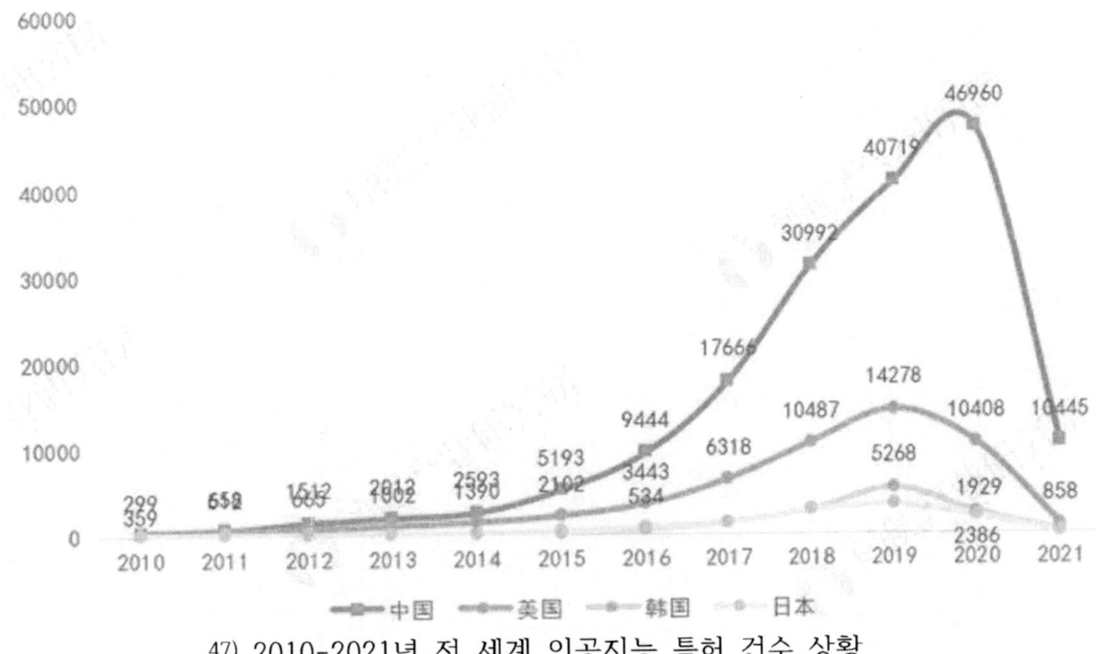

47) 2010-2021년 전 세계 인공지능 특허 건수 상황

특히, 바이두, 알리바바, 텐센트 등 중국을 대표하는 ICT 기업들의 인공지능 특허출원 건수가 1,030건으로 조사되었는데, 이는 한국에서 가장 많은 인공지능 특허 출원을 하고 있는 삼성전자의 특허건수의 40배를 넘어서는 수치다. 이후 중국의 인공지능 분야 특허 건수는 2021년 기준으로 10,445건으로 달성하였다.

다음은 지역별 인공지능 특허 개수와 인공지능 기업 도시 순위이다

---

46) 한국일보 '중국에 투자하지마... 미국이 AI·양자 기술을 콕 집은 이유'
47) 출처: 바이두-산업연구원

먼저, 인공지능 특허 수 기준으로 광둥성, 베이징, 장쑤성, 절강성, 상하이는 현재 10,000건 이상의 AI 특허를 출원 하고 있다. 현재 산둥성, 안후이성, 사천성, 후베이성, 푸젠성 등 10개성에서 인공지능 특허를 출원 하고 있다.[48]

<table>
<tr><td>순위</td><td>도시명</td><td>순위</td><td>도시명</td></tr>
<tr><td>1</td><td>광동</td><td>6</td><td>산둥성</td></tr>
<tr><td>2</td><td>베이징</td><td>7</td><td>안후이성</td></tr>
<tr><td>3</td><td>장쑤성</td><td>8</td><td>사천성</td></tr>
<tr><td>4</td><td>절강성</td><td>9</td><td>후베이성</td></tr>
<tr><td>5</td><td>상하이</td><td>10</td><td>푸젠성</td></tr>
</table>

[49)]

표 23 인공지능 기업 도시 순위

중국의 인공지능 산업은 플랫폼을 보유한 알리바바, 텐센트, 바이두, 화웨이가 주도하고 있으며, 그밖에 약 600여 개의 기업이 있다.

순위	기업명	주력분야
1	알리바바	인공지능
2	텐센트	인공지능
3	화웨이	인공지능
4	바이두	인공지능
5	상탕기술	인공지능
6	베이징 비전 기술	딥러닝 및 사물 감지 기술
7	광저우 클라우드	클라우드 컴퓨팅
8	이투	음성인식
9	캄브리아기 기술	인공지능 칩
10	투푸 기술	클라우드 컴퓨팅

표 24 중국 10대 인공지능 기업 순위

---

48) 출처: 바이두
49) 출처: 왕이커지

　중국 인공지능 기업의 절반 이상은 응용(머신러닝, 드론, 로봇, 자율주행 등) 분야에 집중되어 있으며, 기초기술 분야는 다소 취약한 편이다.

　인공지능 기업 순위에서 상위권 기업은 자체 생태계를 보유하고 있으며, 그밖에 베이징 비전 기술(사물 감지 기술), 광저우 클라우드 (클라우드 컴퓨팅), 이투 기술(음성인식), 캄브리아기 기술(인공지능 칩), 투푸 기술 (클라우드 컴퓨팅) 등은 특정 분야에서 강점을 보인다. 상탕기술은 얼굴 인식, 이미지 인식, 텍스트 인식, 의료 영상 인식, 비디오 분석, 무인 및 원격 감지를 포함한 감점이 있다.

　이투 기술은 인공 지능 분야의 기초 과학 연구에 참여하고, 컴퓨터 비전, 자연어 이해, 음성인식, 지식 추론, 로봇 공학 및 기타 기술 분야에서 획기적인 기여를 하는 특성이 있다.[50]

---

50) 출처: 개인도서관

2) 일본

　미국 시장조사업체 리포트링커(ReportLinker)는 2025년 인공지능을 활용한 기기, 시스템 등 일본 인공지능 관련 시장 규모가 48억 달러로 성장할 것으로 추정했다. 일본 인공지능 시장에서는 운수업이 30조엔 대로 시장이 가장 클 것으로 예상됐다. AI를 채용한 자동운전차량이 운송 분야에 채택될 것으로 전망된다.

　또한, 향후 기술 성숙, 안전성 향상, 가격 하락에 힘입어 다양한 산업분야에서 거대한 시장이 형성될 것으로 예측했는데 이에 따라, 2020년에는 23조638억 엔(2015~2020년 연평균 43.8% 성장), 2030년에는 86조9620억 엔(2020~2030년 연평균 23.3% 성장)으로 시장이 급속하게 확대될 전망이다.

　특히 자동운전 등 운송 분야(2015년 1억 엔 → 2030년 30조4897억 엔), 산업용 로봇을 포함한 제조분야(2015년 1129억 엔 → 2030년 12조1752억 엔), 인공지능을 이용한 전자상거래 시장 등 도소매 분야(2015년 1조4537억 엔 → 2030년 15조1733억 엔)의 급성장이 기대된다.

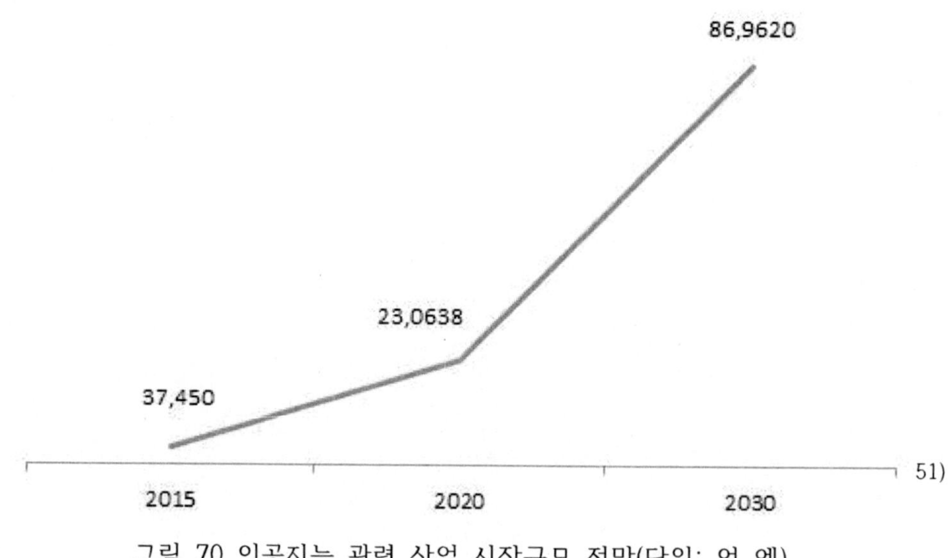

그림 70 인공지능 관련 산업 시장규모 전망(단위: 억 엔)

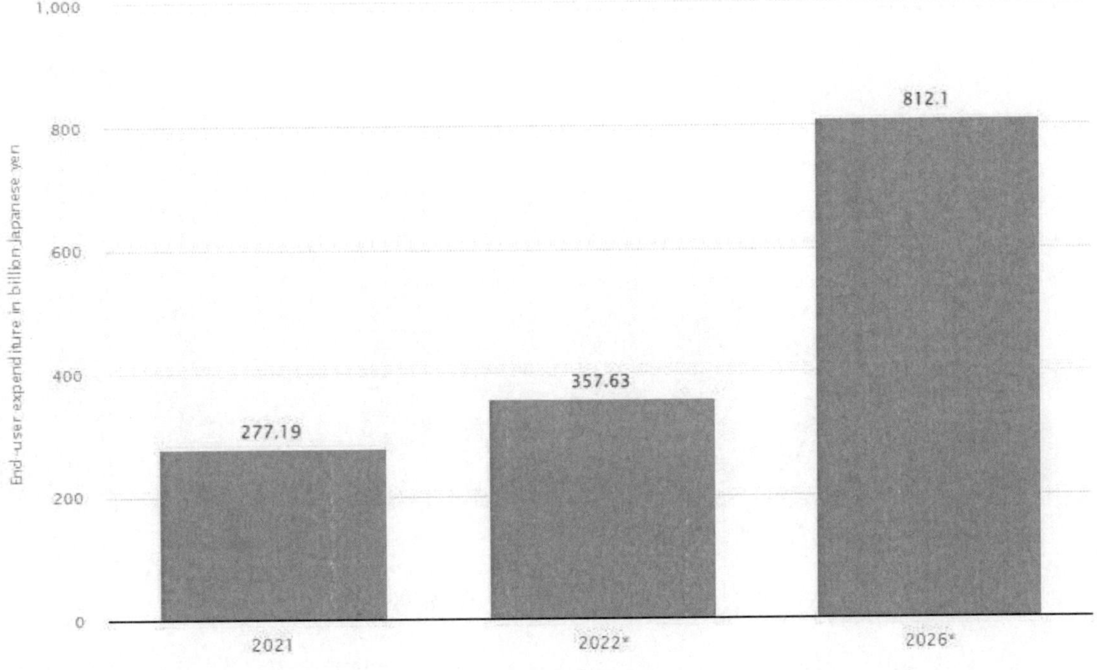

그림 71 일본 인공지능 시스템 시장 전망 (단위: 10억 엔)

또한 시장조사기관 Statista Research Department에 의하면 일본의 인공지능 시스템 시장 규모는 2021년에 약 2,772억 일본 엔이었다. 2026년까지 연평균 성장률(CAGR)이 24%로 성장하여 8,120억 엔 이상 도달할 것으로 예상된다. 이 경우 AI 시스템 시장에는 소프트웨어, 서비스 및 하드웨어의 세 가지 세그먼트가 포함된다.[52]

특히 일본은 의료 분야에서 IoT 및 인공지능 시장이 급성장할 것으로 예상됐다. 뚜렷한 국가 의료 시스템과 풍부한 의료 및 사회 경제적 특성으로 인해 의료 AI 분야를 주도할 가능성이 크다.

2016년 일본은 AI 기술 전략 위원회를 설립하고 AI를 "Society 5.0" 제5차 과학 기술 기본 계획의 중요한 기술 기둥으로 확인했다. 또한 일본 정부는 AI로 강화된 10개의 병원을 만들기 위해 비즈니스 및 학술 단체와 파트너 십을 맺었으며, 병원과 기업 간의 파트너 십을 통해 병상뿐만 아니라 시스템 전반에 걸쳐 AI를 도입하고 있다. 사례로 '후지쯔'는 행정 프로세스와 의료 정보 관리 모두에 AI를 포함하기 위해 노력했다.

---

52) Statista '2021년 일본의 인공 지능(AI) 시스템에 대한 최종 사용자 지출(2022년 및 2026년 예측)'

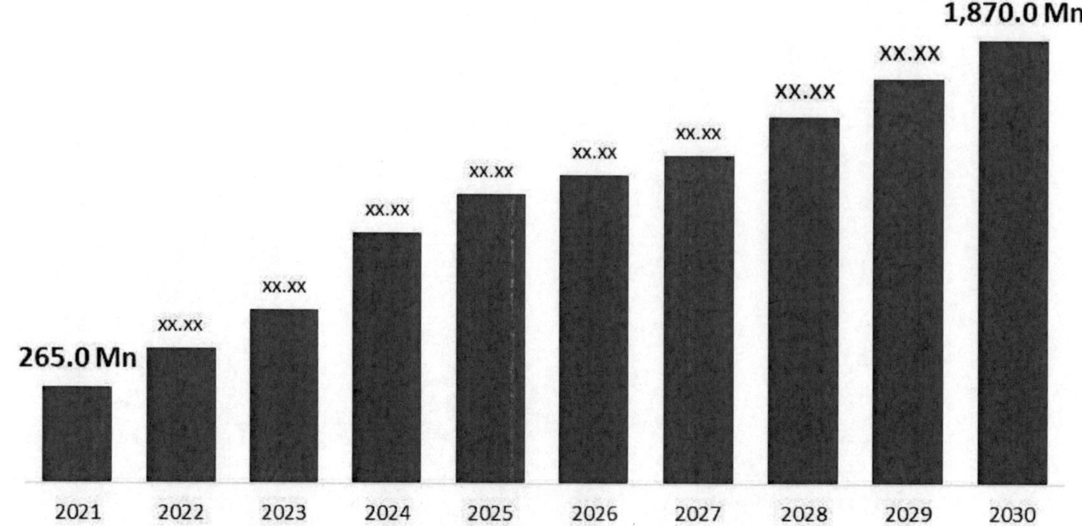

그림 72 일본 의료분야 인공지능 시장 규모 전망 (단위: 백만 달러)

이러한 일본 의료 분야 인공 지능(AI) 시장 규모는 2021년 2억 6500만 달러에서 2030년까지 18억 7000만 달러에 이를 것으로 예상되며 2021년부터 2030년까지 연평균 21.7% 성장할 것으로 예상된다.

특히 일본 의료 시장 인공 지능(AI)은 소프트웨어 부문에서 예측 기간 동안 가장 높은 성장률을 보일 것으로 예상된다. 이러한 빠른 성장 속도는 사이버 보안, 임상 시험, 가상 비서, 로봇 보조 수술, 원격 진료, 선량 오류 감소 및 신원 확인을 포함한 광범위한 의료 응용 분야에서 AI 기반 기술의 성장에 의해 주도될 것으로 전망한다.

그리고 응용 프로그램 기반의 일본 의료 시장 인공 지능 (AI)은 중환자 치료, 로봇 보조 수술, 가상 간호보조원, 관리 워크 플로 지원, 사기 감지, 투약 오류 감소, 임상 시험 참가자 식별자, 예비 진단, 의료로 분류된다. 관리 및 지원, 기타 애플리케이션. 이 중 중환자 치료는 예측 기간 동안 상당한 CAGR 성장을 목격하고 있으며, ICU는 빠른 의사소통, 빠른 의사결정 및 지속적인 정보 흐름이 필요하기 때문에 AI 배치를 위한 도전적이고 매력적인 영역이라 볼 수 있다.

다음으로 일본 의료 시장 인공 지능(AI)은 병원 및 진료소, 의료 제공자, 제약 및 생명 공학 회사, 환자, 계약 연구 조직 등으로 나뉜다. 병원 및 클리닉 부문은 예측 기간 동안 35%의 시장 점유율로 시장을 지배할 것으로 전망된다. 지금까지 일본의 기술 개발은 주로 기존 진단 양식의 자동화에 초점을 맞추었으며 광범위한 진료소 및 병원 배치 가능성이 있는 것으로 보인다.

종양학과 같은 다른 분야도 질병 분류에 AI를 사용함으로써 유사한 영향을 받을 것으로 보인다. 특히 병리학에 AI를 적용하면 추가 원격 의료 서비스의 성장에 도움 될 것으로 예상한다.53)

한편 일본 IoT와 AI를 활용한 의료기기가 잇달아 출시되고 있다. 그 중 하나가 NEC Corporation에서 개발한 "HIMEDIC" 시스템이다.

HIMEDIC 시스템은 CT 스캔, X-ray 등 의료 영상을 분석해 의사가 정확한 진단을 내릴 수 있도록 AI 기반 영상의학과 진단 지원 시스템이다. 이 시스템은 딥러닝 알고리즘을 활용해 의료 영상의 이상 징후를 파악해 실시간으로 의사에게 정보를 제공한다. 의학적 진단의 정확성과 속도를 높이고 방사선 전문의의 업무량을 줄이기 위해 설계되었다.

일본 AI 의료기기 시장의 또 다른 대표적인 제품으로는 후지필름이 개발한 'IMAGE Checker' 시스템이다. IMAGE Checker 시스템은 유방 조직의 의료 이미지를 분석하여 잠재적 이상을 감지하고 분류하는 유방 조영술용 AI 기반 진단 지원 시스템이다. 이 시스템은 딥러닝 알고리즘을 사용해 의료영상의 패턴을 파악해 실시간으로 의사에게 정보를 제공한다. 유방암 검진의 정확성을 높이고 위양성의 수를 줄이기 위해 고안되었다.

일본에서는 현재 신약 개발도 인공지능을 적극 활용하고 있다. 일본 제약기업은 보수, 운용에 IT 부분의 인재, 예산의 80~90%를 투입하는 반면, 해외 제약기업은 이를 30~40%로 줄이고 나머지는 AI나, 빅데이터, 디지털 약 등 첨단기술 개발에 활용하고 있다.

일본 제약공업협회는 AI가 본격 도입되면 신약 개발에 드는 기간은 4년이 단축되고, 비용은 업계 전체에서 1조2000억 엔에서 절반 수준인 6000억 엔으로 절약된다고 예측하였다.

---

53) SPHERICAL insights 'Japan Artificial Intelligence (AI) in Healthcare Market'

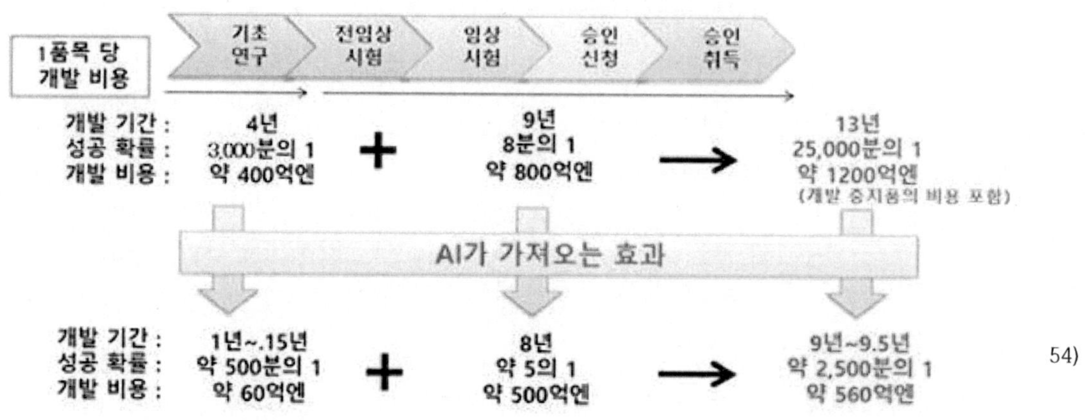

54)

그림 73 신약개발 인공지능이 가져오는 경제적 효과

최근 일본에서는 COVID-19 팬데믹 이후 비대면, 비접촉 의료행위가 가능한 원격의료의 유효성을 재확인하는 계기가 됐고, 의사의 근무방식 개혁이 진행되어 적극적인 ICT 활용과 관련해서도 원격의료 도입이 주목받고 있다.

현재 일본의 효고현(兵庫県)은 지역 의료연계 체제 구축과 산간벽지 의료 종사자 확보·정착 지원을 목적으로 원격의료에 대응 중으로, 고베시립의료센터 중앙시민병원과 연계해 COVID-19 환자가 입원한 시내 의료기관에 '원격집중치료지원시스템'을 도입하고 집중치료 전문의가 원격지에서 네트워크를 통해 진료를 지원하고 있다.

이어 야마구치현(山口県)에서도 산간벽지 의료가 충실하도록 야마구치현립 종합의료센터(지원측)와 벽지 의료기관을 5G로 연결하는 원격지원시스템 실증실험 등을 실시하고 있다. 예를 들면 의뢰한 의료기관에서 환자 위내시경 검사를 실시할 때 야마구치현 종합의료센터에 5G 회선을 이용해 내시경 영상 등을 전송하면 전문의가 해당 영상을 실시간으로 관찰하면서 병변 등 염려가 되는 부분을 포인터로 제시하고 의뢰한 의사는 조언을 바탕으로 위내시경 카메라를 조작하는 시스템이다.55)

---

54) 출처: 후생노동성
55) 한국보건산업진흥원(2022) 「일본, D2D원격의료 대응 현황」

 IDC는 인공지능 국내시장을 2021년 전년 대비 24.1% 성장하여 9,435억 원의 매출 규모를 형성할 전망이라고 밝혔다. 해당 시장은 향후 5년간 연평균 성장률 15.1%을 기록하며 2025년까지 1조 9,074억 원 규모에 이를 전망이다. 디지털 전환의 가속화와 효과적인 TCO(total cost of ownership) 및 사용 편의성을 고려한 강점이 조직 운영에 필수 요소로 여겨지며 AI 관련 시스템 도입이 적극 이뤄지는 추세다.

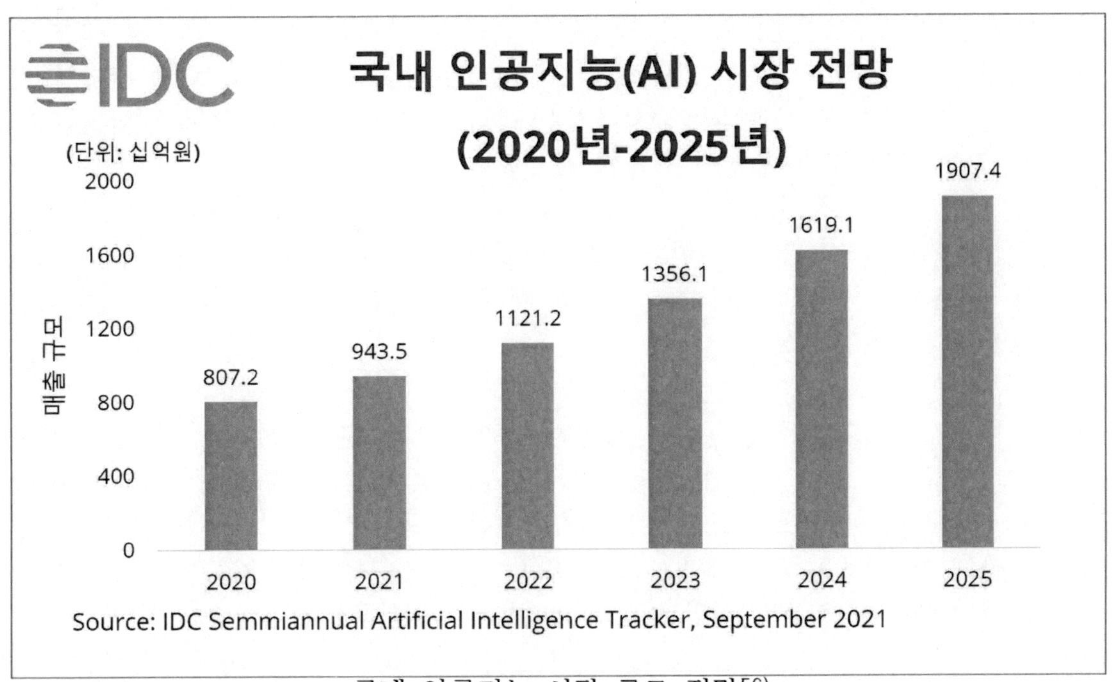

국내 인공지능 시장 규모 전망[56]

 2021년 국내 인공지능 시장은 전반적인 성장세를 보인 것으로 나타났다. 이는 많은 기업들이 비교적 낮은 가격으로 높은 효율성을 보장하는 AI기술을 다양한 분야에서 활발하게 활용하였기 때문으로 분석된다. 기업은 코로나 팬데믹의 장기화에 대응하여 생산성을 향상시키고자 AI 기술을 RPA 솔루션과 융합하여 특정 공간 및 시간의 제약을 해결하고 24시간 무중단 서비스를 제공하며 고객 편의성을 개선했다. 또한, 단순하고 반복적인 업무를 대체하고 에러율을 크게 낮췄으며, 기존 인력에게 고부가가치 업무를 집중시켜 업무 효율성을 높였다. 이는 공장 및 제조업의 생산 공정 분야뿐만 아니라 OCR, 자동 분류, 추천 분야에서도 AI기술이 영향을 미친 것으로 보인다. 특히 데이터의 중요성이 강조됨에 따라 이를 가공하고 처리하기 위한 AI 하드웨어 및 소프트웨어 기술 개발이 가속화될 전망이다.

---

56) IDC '한국IDC, 국내 인공지능(AI) 시장 연평균 성장률 15.1% 증가하며 2025년까지 1조 9,074억 원 규모 전망'

이미 많은 기업에서 단순 반복적인 업무에 AI/ML 기반의 자동화를 적용하여 활용하고 있으며, AI 적용 업무 범위를 전체로 확장하기 위한 적극적인 IT 투자가 이어지는 추세이다. 이와 같은 수요의 증가에 대응하기 위해 정부 기관과 여러 빅테크 기업을 중심으로 AI기술의 질을 높일 수 있는 데이터를 확보하고 데이터 센터 인프라를 구축하고자 하는 움직임이 활발해지고 있다. 더 나아가, AI Hub와 같은 AI 및 데이터 플랫폼 생태계 조성에 대한 관심도 높아지는 상황이다.고

이러한 상황에서 기업에서는 AI 기반의 플랫폼과 자동화 솔루션을 통해 영업 및 마케팅과 같은 현업에서 직접 도구를 활용하고, 디지털 애플리케이션 기획 및 개발 참여를 장려하며, 장기적으로는 이를 점차 개인의 기본 업무 능력으로 요구하게 될 것이다. 모든 직원들에게 지속적인 교육을 제공함과 동시에 AI 업무 적용 범위를 확장시킬 수 있는 커뮤니티를 활성화해야 할 것으로 보인다.

국내 AI 기술은 미국과 2021년 기준 1.3년 정도 기술격차가 존재한다. 과학기술정보통신부(과기정통부)는 이를 타개하기 위해 학습 데이터와 같은 기반 인프라를 구축에 적극 나설 예정이다.

그와 관련해 과학기술정보통신부는 '인공지능 일상화 및 산업 고도화 계획'을 발표하며 2023년 'AI 일상화'에 7129억 원을 투자하겠다고 밝혔다. AI 일상화는 정부가 2027년까지 세계 3대 AI강국으로 도약하기 위해 마련한 전략으로, 대규모 인공지능 산업 수요 창출과 초거대 AI 구축 생태계 지원을 위한 10대 프로젝트를 담고 있다. AI기업의 성장을 위해 데이터, 컴퓨팅 자원과 같은 AI인프라, 제품개발·시장진출도 지원한다.

특히 제조·문화·관광 등 신규 8대 분야(460종) 학습용 데이터 구축·개방하고, 합성데이터와 자동라벨링 기술도 도입한다. 합성데이터는 기존 데이터를 바탕으로 인공적으로 만들어진 가짜 데이터이며, 자동라벨링 기술은 AI 학습용 데이터를 편리하게 구축할 수 있는 방식이다. 과기정통부는 2023년 상반기 세부적인 전략을 담은 'AI일상화 추진계획'을 발표할 예정이다.

국내 AI산업은 지속적으로 성장하고 있다. 2022년 기준 국내 AI기업은 2000여개로 매출액은 3조9700억 원으로 2021년보다 42.7% 성장했다. 또 관련 종사자도 3만9000여명으로 2021년에 비해 24% 증가했다.

AI기업 중 29%는 신규기업으로 시장진입이 활발하며, AI 스타트업 투자도 2021년 기준 2조5000억 원으로 연 평균 123% 증가했다. 하지만 기업 대부분이 규모가 작아 글로벌 흐름을 주도하거나 흐름에 동참할 수 있을 정도의 AI 어플리케이션을 개발하는 데 한계를 안고 있다.57)58)

　최근에는 글로벌 빅테크들이 잇따라 구조조정에 나서고 있지만 인공지능(AI)에 대한 고용과 투자는 되레 늘리는 모습이다. 오픈AI의 AI 챗봇 서비스 '챗GPT'의 등장을 계기로 "AI가 돈이 될 수 있다"는 확신이 생긴 영향이다. AI 관련 기술과 인력을 확보하기 위한 기업들의 경쟁이 한층 더 치열해질 것이란 전망이 나온다.

　대형 IT 기업들이 AI에 대한 투자를 강화하는 것은 AI가 '게임 체인저'가 될 것으로 확신하고 있어서다. 2022년 11월 오픈AI가 선보인 챗GPT의 열풍이 도화선이 됐다. 이 서비스는 출시 2개월 만에 월간활성이용자(MAU) 1억 명을 달성했다. 유튜브는 1억 명 도달까지 2년10개월이 걸렸다. 2023년 2월 20달러(약 2만6000원)를 내는 유료 버전 '챗GPT 플러스'도 출시했는데, 업계에선 유료 전환율을 5% 이상으로 보고 있다. 이용자를 1억 명으로만 계산해도 월 1억 달러(약 1300억 원) 이상의 매출이 나온다는 계산이다.[59]

　앞으로 지능정보 기술이 국내에 미칠 경제적 효과는 460조원(2030년 기준)에 달할 것이며, 인공지능 기술이 보편화되면서 2030년까지 지능정보기술 분야에서 약 80만 명 규모의 새로운 일자리가 창출될 것으로 예측되었다. 미래창조과학부의 의뢰를 받아 맥킨지앤컴퍼니가 작성한 보고서에 따르면 지능정보기술은2030년 까지 전 세계 국내 총 생산 에 13조 달러를 기여하며, 동 기간 연평균 1.2% 성장을 기여할 것으로 분석 하였다.

---

57) 이뉴스투데이 '빠르게 진화하는 세계 AI 시장…갈길 먼 한국 기업'
58) 자료 : 현대경제연구원(언론보도 종합)
59) 생글생글792호 '[숫자로 읽는 세상] 1만여명 감원한 구글·MS…돈되는 생성 AI엔 투자 쏟아붓는다'

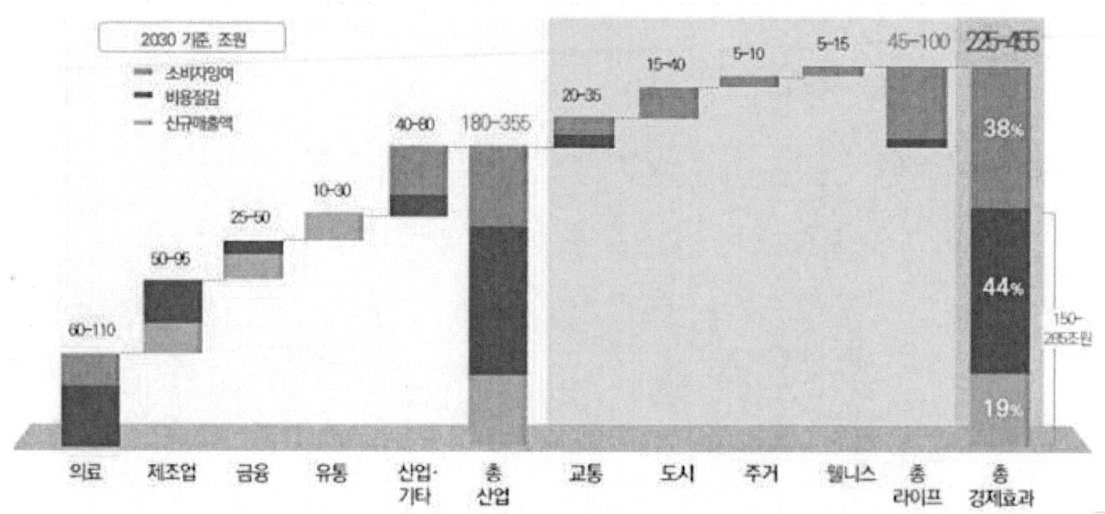

그림 76 '30년 국내 지능정보기술 도입에 따른 국내 총 경제효과(맥킨지, '16)

맥킨지는 지능정보기술 도입에 따른 국내의 신규매출 증대액이 41조9000억~85조4000억원, 비용절감액은 109~199조원, 소비자 잉여액은 76조4000억~174조6000억원 규모가 될 것으로 전망했다.

좀 더 세부적으로 살펴보자면 신규매출 증대 측면에서는 데이터 활용 마케팅과 신규 로봇산업으로 인해 최대 40조원의 경제효과가 발생하며, 비용 절감 측면에서는 의료 진단 정확도 증대와 제조 공정 최적화로 각각 55조원, 15조 원 가량의 경제효과가 생길 것으로 전망되었다. 또한 소비자 후생 증가 측면에서는 교통사고 감소, 대기질 향상, 교통체증 감소, 가사노동 단축, 국민 건강 향상으로 인해 76조4000억~174조6000억 원에 달하는 경제효과가 기대된다.

다. 응용분야별 시장 현황
  1) 대화형 인공지능

대화형 인공지능(AI) 챗봇인 챗GPT가 세계적인 인기 몰이를 하면서 개발사의 기업 가치가 38조원에 달했다. 일본 니혼게이자신문(닛케이)은 네덜란드 분석기관 딜룸을 인용해 세계 생성형 AI 주요 100개 사의 기업 가치는 2023년 1월 기준 총 480억 달러(약 63조3천억 원)로 2020년 말과 비교해 6배로 늘었다고 보도했다.

이 가운데 기업가치가 가장 큰 곳은 챗GPT를 개발한 미국의 '오픈AI'로 290억 달러(약 38조원)에 달해 100개사 전체 기업가치의 60.4%를 차지했다. 오픈AI의 챗GPT는 출시 석 달도 안 돼 이미 이용자가 1억 명을 넘은 것으로 알려진다.

2위로는 '클로드'라는 새로운 AI 챗봇을 개발 중인 미국의 앤스로픽이 29억 달러(약 3조8천200억 원)로 차지했다. 마이크로소프트(MS)는 오픈AI에 100억 달러로 추정되는 금액을 투자했으며, 구글은 앤스로픽과 제휴 관계를 맺고 약 4억 달러를 투자한 것으로 알려졌다.[60]

글로벌 시장분석 업체인 마켓 리서치 퓨처(MRF)는 대화형 AI 시장 연구보고서를 통해 챗GPT와 같은 대화형 인공지능(AI)의 글로벌 시장 규모가 2030년까지 연평균 22.6%의 성장률을 기록하고, AI 챗봇 시장이 2030년 325억 달러(약 42조4515억 원)에 달할 것이라고 예측했다. 이는 마이크로소프트(MS)나 구글 등의 검색 시장을 제외한, 순수 AI 챗봇 솔루션 시장만을 대상으로 하고 있다.

이에 따르면 AI 챗봇의 성장을 견인하는 주요 요소는 BFSI(은행, 금융서비스, 보험)과 자동차 산업이다. BFSI에서는 고객 지원을 위해 콜 센터에 챗봇을 집중 배치하는 추세다. 또 자동차의 유지 관리나 컨디션 체크 등을 위해 아마존 알렉사와 같은 챗봇의 도입이 보편화되고 있다.

반면 AI 챗봇의 정확도 부족과 음성 인식 미흡, 높은 설치 비용 등이 제약으로 작용할 수 있다고 밝혔다.

서비스 유형별로는 챗봇 형태, NLP(자연어처리) 기술, 클라우드 배포, 브랜딩 및 마케팅, 고객 지원, 개인 비서 등이 있다. 이러한 서비스 지원은 소매업종에서 주로 사용할 것으로 전망했다.

---

60) SBS Biz '챗GPT 개발사 가치 38조원…이용자 1억 명 돌파'

　지역별로는 빅테크가 모여있는 북미 지역을 위주로 시장이 성장할 것으로 내다봤으며, 글로벌 자동차 기업과 은행이 모여 있는 유럽이 두 번째로 큰 시장을 이룰 것으로 내다봤다.

　MRF는 이 분야의 주요 기업으로 구글과 MS, AWS를 비롯해 오라클, IBM, 바이두, SAP, 메타, 크리에이티브 버추얼, 뉘앙스커뮤니케이션즈, 아티피셜 솔루션, 아바모, 컨버시카, 햅틱, 솔비, 파이프스트림 등을 꼽았다. '시리'를 자사 제품에만 적용하는 애플은 빠졌다.[61]

---

61) Ai타임스 '대화형 인공지능 글로벌 시장, 2030년 42조원 규모로 성장'

2) 의료

 의료 인공지능 분야의 경우 인공지능을 활용한 신약 개발 시스템 및 진단 지원과 같
은 분야가 성장의 견인차 역할을 하여 성장하였다. 또한 최근 인공지능기술과 헬스케
어의 결합으로 새로운 시장 및 시장가치를 창출 중이며 인공지능을 접목한 헬스케어
의 세계시장 규모는 코로나 19로 인해 비대면 환경이 익숙해지면서 디지털 헬스케어
시장이 급성장했다.

 하지만 Rock Health 펀딩 레포트에 따르면, 2022년 미국 디지털 헬스케어 투자는
2021년에 비해서 절반 수준으로 급감하였으며, 2020년 수준으로 후퇴한 상황이다.
분기별로 보면 2019년 3Q부터 거의 매분기 투자가 증가하여, 2021년 2Q에 정점을
찍고 그 이후로는 다시 거의 매분기 투자 규모가 줄어들고 있는 상황이므로 2023년
1Q에도 이러한 추세가 지속될 전망이다.[62]

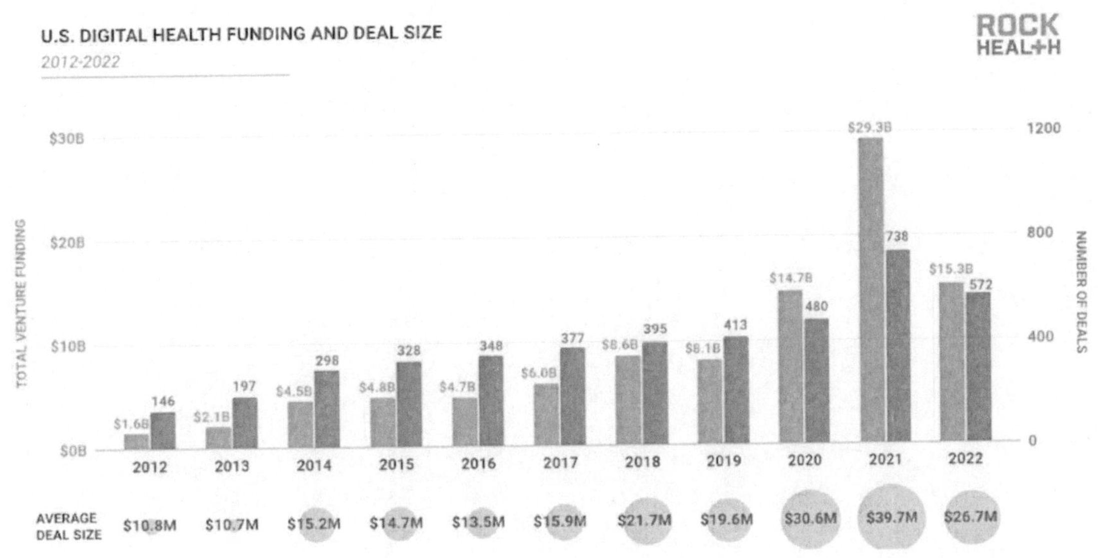

---

62) 최윤섭의 헬스케어 이노베이션 '2022년의 디지털 헬스케어 벤처 펀딩 트렌드'

인공지능 기술은 중국 의료업 대부분의 영역에서 활약하고 있다. 주로 영상의학, 보조진단, 의약개발, 건강관리 등이다. 2020년 코로나 19의 영향에 따라 중국 정부는 각종 관련 지원 정책을 내놓으며 스마트 병원 건설에 중점을 두고 있다

2019년 중국 인공지능의 의료시장 규모는 20억 위안을 돌파하며 전년 동기 대비 93.9% 증가하였고, 그중 헬스 모니터 서비스 의 비중이 55.2%로 가장 높았다. 2019년 이전 대부분의 수익모델이 모호한 탓에 중국의 AI 의료시장은 큰 발전을 하지 못했으나, 실제 수요는 항상 높았으며, 또한 2020년 코로나 19의 영향으로 AI의료기술의 장점이 널리 알려지며 중국 정부는 정책들을 내놓기 시작했다. 이로 인해 시장 은 고속 성장기로 접어들게 될 것으로 보인다.

2018년부터 중국의 인공지능이 빠르게 성장 하는 것으로 보아 AI의료 시장규모의 성장 속도는 616.7%, 총 융자 규모는 30.5억 위안을 기록하였고, 그 이후 AI의료의 성장은 안정세로 접어들며 약 40~60%의 성장률을 기록하였다. 2020~2022년에는 AI의료 시장의 연 평균 성장률은 51.9%, 시장규모는 71.92억 위안에 달성하였다.

그림 79 중국의 AI의료 시장규모 (2016-2022E)

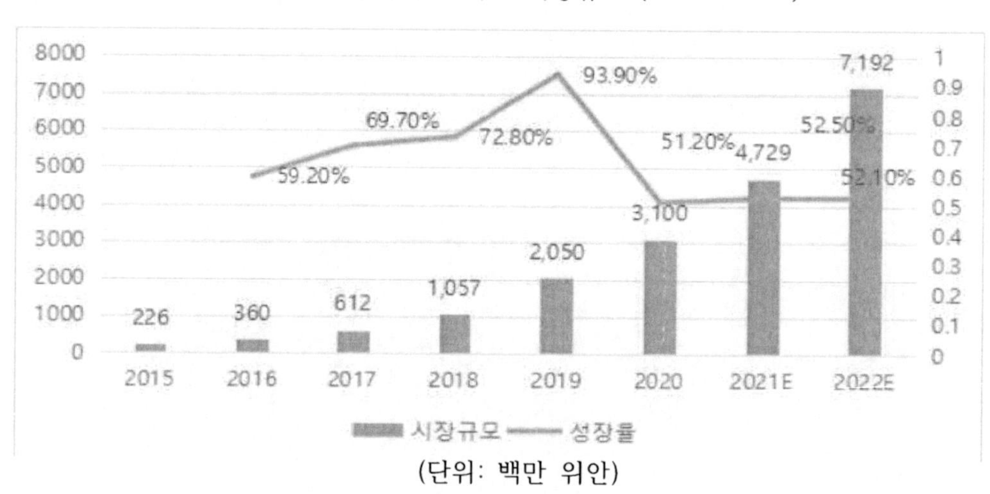

(단위: 백만 위안)

일본 역시 의료분야에서 IOT 및 인공지능 시장이 급성장할 것으로 예상하고 있다. 일본의 의료기기 시장이 2018-2023년 연평균 성장률 4.5%로 성장하여, 2023년까지 343억 달러의 규모로 성장할 것으로 전망된다.

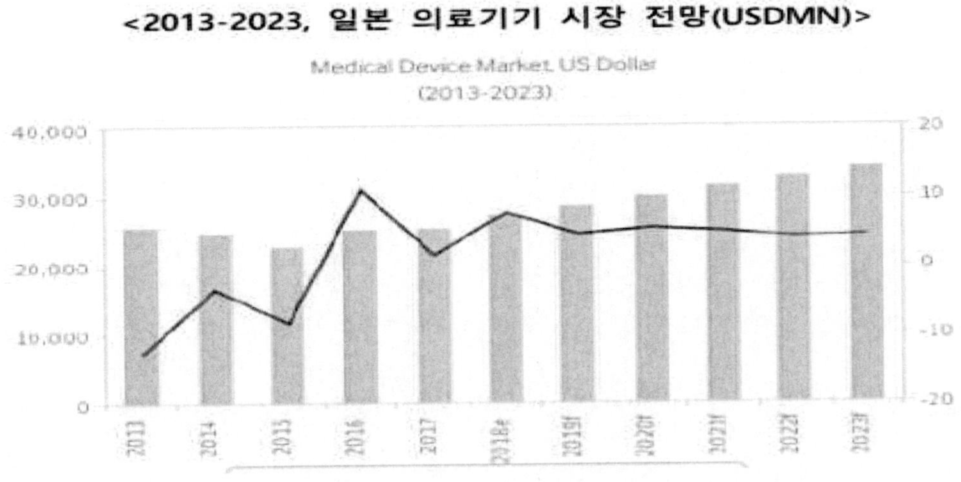

그림 80 일본의 AI의료 시장규모 (2013-2023)
(출처: BMI Research, Japan Medical Devices Report, Q4 2018, NIDS 재구성)

국내에서도 인공지능을 활용한 헬스 케어 연구개발에 높은 관심을 갖고 있어 관련 스타트업이 증가하고 있고 향후 5년 내로 빠른 성장성을 보일 것으로 예상되며, 국내 인공지능 헬스 케어 시장규모는 2017년 941억 원에서 2025년 24,254 억 원으로 성장할 전망이다, 시장조사기관 마켓스앤마켓스에 따르면 글로벌 AI 헬스 케어 시장 규모는 2018년부터 연평균 성장률 45%를 기록해 2025년 약 2조 4354억 원 규모를 기록할 전망 된다.

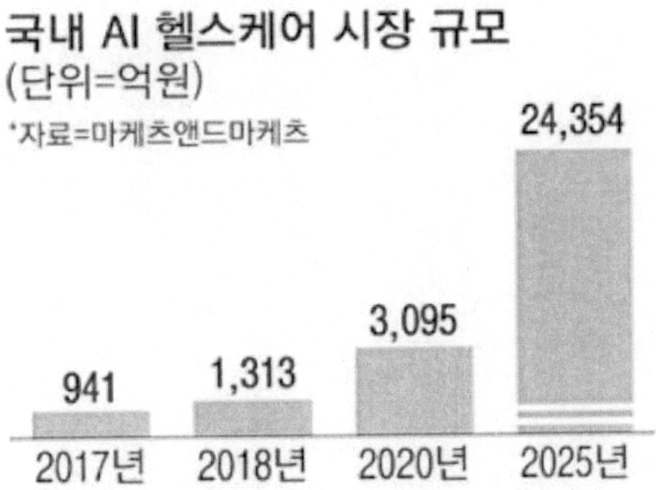

그림 81 국내 AI 헬스케어 시장규모 (단위:억 원)

3) 법률서비스

최근 '리걸테크(LegalTech)'라는 신조어가 등장했다. 리걸테크는 인공지능기술과 같은 정보통신기술과 법률서비스가 결합되어 탄생한 산업서비스로 이를 통해 인공지능 알고리즘을 이용한 서비스가 법률시장까지 영역을 확대해 나가고 있음을 알 수 있다. 아직까지는 인공지능이 법률서비스 영역에서 상용화되지는 않았지만 법률사무 대부분이 텍스트로 된 문서를 사용한다는 점에서 다른 분야보다 인공지능 기술이 도입되기 적합한 성격을 갖고 있어 향후 법률 사무 상당 부분이 인공지능으로 대체되었다.

인공지능을 접목한 법률서비스 산업은 아직 초기 단계로 산업자체의 정확한 시장규모를 측정하기는 힘들다. 때문에 리걸테크 산업관련 스타트업 투자와 소프트웨어 시장규모에 초점을 맞추어 살펴보도록 하자.

리걸테크는 영미권을 중심으로 유럽에서 먼저 확산되고 있는데, 미국에서는 2010년 전후로 스탠포드대의 '코드엑스(Code X)' 프로젝트 가동 등을 계기로 시장 성장이 본격화되어 미국에는 리걸테크 회사가 2000개가 넘는다. 미국 산업통계 전문기관 스태티스타(Statista)에 따르면 리걸테크 시장은 작년 말 전 세계적으로 276억 달러의 매출을 올린 시장으로 성장했다. 앞으로 2027년까지 연평균 3.7%의 성장률로 급성장해 356억 달러 시장을 형성할 것으로 전망하고 있다[63][64]

---

63) CBinsights/Mitratech
64) 매일경제 '테크기업 변신하는 로펌 … AI가 법적리스크 찾고 소송전략 세워'

  2001년 출범한 미국 최대 온라인 법률 자문사 리걸줌은 최근 부상하는 '리걸테크
(legaltech)'의 선구자로 꼽히는 기업이다. 리걸줌은 인공지능을 활용해 복잡해 보이
는 법률 서식 작성을 DIY(Do It Yourself) 방식으로 바꿨다. 리걸줌을 이용하면 건당
500~6000달러 수준인 기업 법률 자문 비용을 69~400달러로 낮출 수 있어 유료 누적
이용자 수가 400만 명에 달하는 미국 중소기업 분야 최대 법률 자문 회사로 자리 잡
았다. 2021년에는 나스닥에 상장하였고 현재 시장에선 약 30억 달러 가치로 평가받
는다.

  국내 리걸테크 산업은 초기단계에 진입한 상황으로 정부와 민간에서 관련 투자 및
창업이 현재 진행 중이며, 스타트업도 활발히 등장하고 있다. 정부는 인공지능, 빅데
이터, 지능형 디바이스 등을 이용한 '범죄프로파일링 시스템(범죄자 동향 분석 시스
템)' 및 범죄 예측 알고리즘 등 리걸테크 개발에 투자하고 있으며, 민간에서는 2014
년 전후로 Lexoo, 헬프미 등 리걸테크 스타트업이 등장하여 변호사 중개서비스, 자동
문서 작성 시스템, 지능형 법률정보시스템이 도입되고 있다.

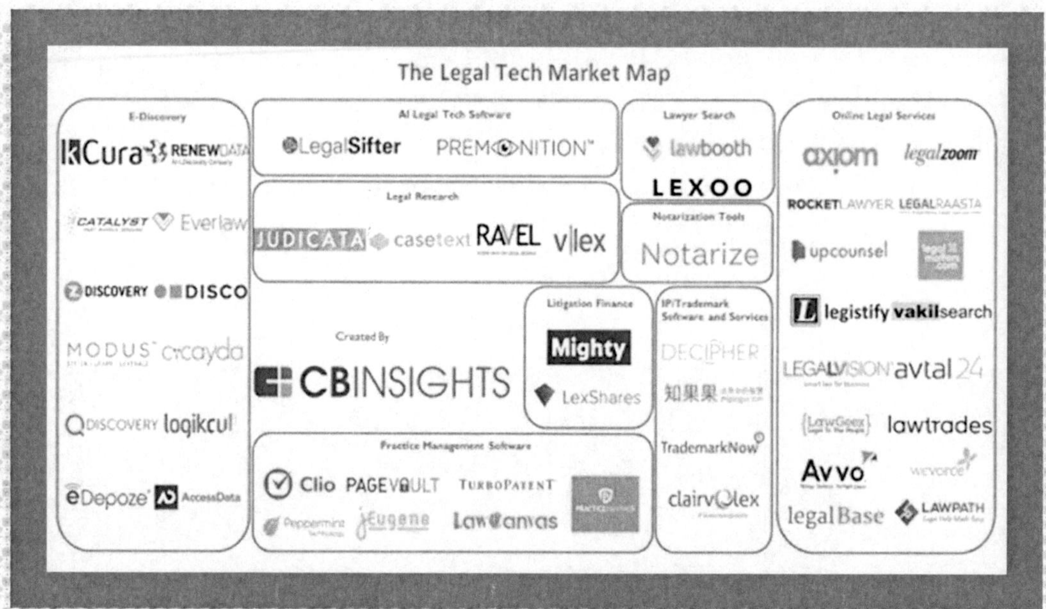

그림 84 리걸테크 관련 시장과 기업

4) 지능형 CCTV

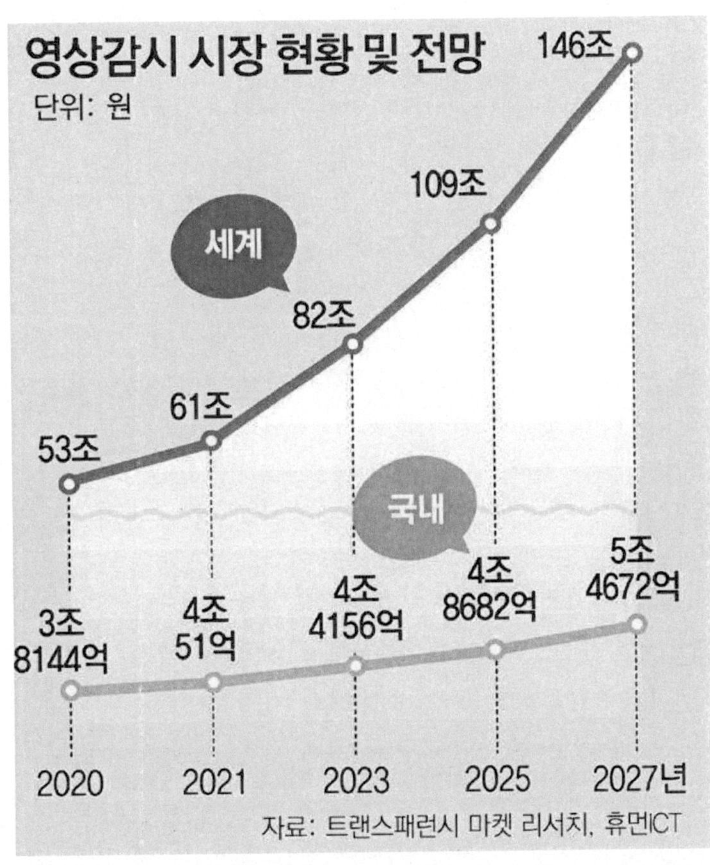

글로벌 시장조사업체 '트랜스패런시 마켓 리서치'에 따르면 글로벌 영상감시 시장규모는 2022년 61조원에서 2027년 146조원까지 늘어날 것으로 추정되고 있다. 국내 시장도 같은 기간 4조51억 원에서 5조4672억 원으로 증가할 전망이다.

세계 지능형 영상감시 시스템의 각 분야별 시장을 살펴보면 개체인식 시장은 2021년에서 2026년 사이에 약 20%의 연평균 성장률(CAGR)로 전망되고, 얼굴인식 시장은 2021년에서 2026년 사이에 약 18%의 연평균 성장률(CAGR)로 성장할 것으로 예상된다. 강화된 보안에 대한 수요 증가와 비접촉식 생체 인증 솔루션에 대한 필요성 이 분야에서 성장의 핵심 동인이다.

그리고 침입감지 시장은 상업용 및 산업용 애플리케이션의 보안 시스템에 대한 수요가 증가함에 따라 2021년에서 2026년 사이에 약 10%의 CAGR로 성장할 것으로 예상되며 번호판 인식 시장은 지능형 운송 시스템의 채택이 증가함에 따라 2021년에서 2026년 사이에 약 12%의 CAGR로 성장할 것으로 예상된다.

마지막으로 행동분석 시장은 공공 및 민간 공간에서 향상된 보안 솔루션에 대한 수요가 증가함에 따라 2021년에서 2026년 사이에 약 25%의 CAGR로 성장할 것으로 예상된다.

국내 영상보안 시장 또한 세계에서 가장 크고 발전된 시장 중 하나이다. 기술과 혁신에 중점을 두어 글로벌 비디오 감시 산업의 주요 플레이어가 되었다. Research And Markets의 최근 보고서에 따르면 국내 비디오 감시 시장은 2021년에서 2026년 사이에 약 12.5%의 연평균 성장률(CAGR)로 성장할 것으로 예상되며 AI, 기계 학습, 비디오 분석과 같은 기술 발전이 성장의 핵심 동인이다. 또한 국내 영상 감시 시장에는 한화테크윈, 삼성테크윈, LG전자와 같은 다국적 대기업이 지배하고 있다고 강조했으며, 이 회사들은 연구 개발에 막대한 투자를 하고 혁신적인 제품과 솔루션을 시장에 선보였다.

전통적인 영상감시 시장 외에도 안면인식, 행동분석, 침입탐지 등 첨단 기술을 활용한 지능형 CCTV 시스템을 빠르게 도입하고 있다. 이러한 추세는 정부, 운송, 소매 및 은행을 포함한 다양한 부문에서 스마트 보안 솔루션에 대한 수요가 증가함에 따라 계속될 것으로 예상된다. 전반적으로 국내 영상 보안 시장은 보안 솔루션에 대한 수요 증가와 업계의 기술 발전에 힘입어 성장세를 이어갈 것으로 예상된다.

지능형 CCTV를 이루고 있는 기술은 크게 전방향 기술과 후방 기술로 나눌 수 있다. 우선 전방향 기술은 카메라가 360도 시야를 캡처하도록 설계되어 모니터링되는 영역에 대한 포괄적인 보기를 제공한다. 이 기술은 공항, 기차역 및 쇼핑몰과 같은 넓은 개방 공간에서 특히 유용하다. Markets and Markets의 최근 보고서에 따르면 전 세계 전방향 카메라 시장은 2021년에서 2026년 사이에 약 14%의 연평균 성장률(CAGR)로 성장할 것으로 예상되며 향상된 감시 솔루션에 대한 수요 증가와 중요한 인프라의 상황 인식은 이 분야에서 성장의 핵심 이다.

아울러 후방 기술인 카메라는 차량 뒤 영역의 시야를 캡처하도록 설계되어 운전자에게 향상된 가시성과 안전성을 제공한다. 이 기술은 자동차 산업에서 점차 대중화되고 있으며 주차장 및 기타 영역을 감시하기 위한 일부 지능형 CCTV 시스템에도 사용되고 있다. 마찬가지로 보고서에 따르면 글로벌 후방 카메라 시장은 2021년에서 2026년 사이에 약 11%의 연평균 성장률(CAGR)로 성장할 것으로 예상된다.

이로써 전방향 및 후방 기술 모두 지능형 CCTV 산업에서 유망한 전망을 가지고 있으며 이러한 기술은 상황 인식을 강화하고 안전을 개선하며 다양한 응용 분야에서 포괄적인 감시 솔루션을 제공하는 데 점점 더 중요한 역할을 할 것으로 예상된다.

5) 지능형 로봇

인공지능(S/W)이 매우 다양한 영역에서 적용되어지는 가운데 로봇(H/W)과 결합된 '지능형 로봇'이 많은 이들의 주목을 받고 있다. 로봇은 크게 제조업 분야에서 사용되는 산업용과 제조업 외의 분야에서 사용되는 서비스용 로봇으로 구분되는데, 지능형 로봇은 여러 산업 분야에 적용 가능하므로 국내 기업들이 다양한 신사업 모델을 그릴 수 있게 되었다.

과거 ABB, KUNA, Rethink Robotics 등 하드웨어 로봇 기업 중심으로 시장이 구성되었던 것과 달리 아마존, 애플, 구글 등이 해당 시장 참여를 하면서 로봇 시장의 중심축이 하드웨어 기업에서 소프트웨어 기업으로 전환되고 있다. 특히 실리콘밸리 기업들은 자사의 인공지능 기술을 바탕으로 자료 검색, 일정 관리 등 서비스를 제공하는 개인서비스용 소셜 로봇에 대한 투자를 확대하고 있다.

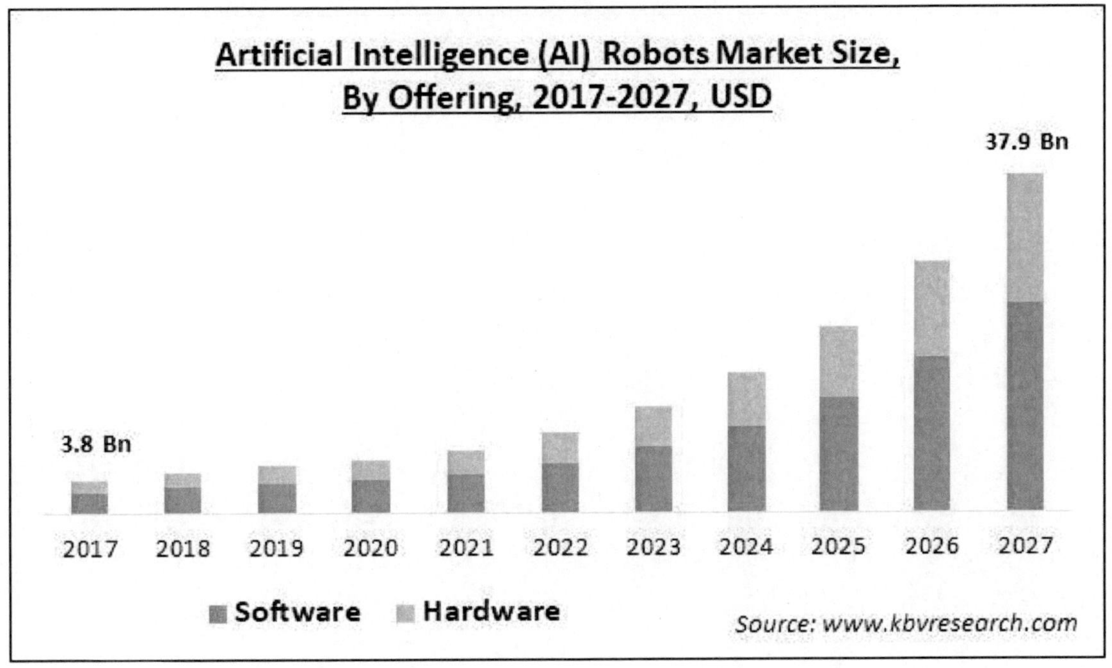

글로벌 인공 지능(AI) 로봇 시장 규모는 예측 기간 동안 CAGR 32.3%의 시장 성장으로 증가하여 2027년까지 379억 달러에 이를 것으로 예상된다.

AI 로봇은 일상 업무의 효율성과 숙련도를 높이는 데 도움이 되기 때문에 첨단 기술을 개발하기 위한 정부의 지원 이니셔티브 수가 급증하고 제조 및 자동차 부문에서 로봇에 대한 수요가 증가하는 등의 요인이 향후 몇 년 동안 인공 지능(AI) 로봇 시장의 성장을 촉진할 것으로 추정된다.

또한 개인적인 용도로 AI 로봇의 사용이 증가함에 따라 시장에서 AI 로봇에 대한 수요가 더욱 높아질 것으로 보인다.

로봇 유형별 시장은 정부, 에너지, 국방, 농업 및 임업, 미디어 및 엔터테인먼트, 토목 공학 및 고고학 등으로 분류된다. 서비스 로봇 부문은 AI 로봇 시장을 지배했으며 예측 기간 동안 시장에서 가장 높은 성장률을 보일 것으로 추정된다. 일상적인 절차의 자동화에 대한 기업의 관심이 높아지고 있기 때문이다.

이어서 지역별 시장으로 북미, 유럽, 아시아 태평양, 라틴 아메리카, 중동 및 아프리카로 분류되며 북미는 예측 기간 동안 AI 로봇 시장에서 유망한 성장률을 보일 것으로 예상된다. 이러한 AI 로봇에 대한 수요는 캐나다, 미국 및 멕시코 전역에서 높게 나타난다.[65]

최근 중국에서도 지능형 로봇시장이 급성장세를 나타내고 있다. 한국로봇산업진흥원(KIRIA)에서 최근 발간한 '로봇산업정책동향-2022 중국 지능형 로봇산업 현황' 보고서는 중국 정부의 적극적인 로봇산업 육성에 힘입어 2020년 9월 기준 약 168억 위안 규모에서 2021년에는 256억 위안으로 관련 시장이 성장했다고 밝히며, 2025년에는 1천억 위안을 돌파할 것으로 전망했다.

또한 감속기, 서보모터 등 해외 의존도가 높았던 로봇 핵심부품도 국산화율이 2015년 13.4%에서 2021년에는 38.5%로 확대됐고, 스마트화 수준도 향상되는 추세라고 했다. 다만, 61.5%는 해외 브랜드의 로봇 핵심부품이 시장을 점유하고 있어서 꾸준한 연구개발과 국산화 노력이 필요할 것으로 보인다.[66]

현재 우리나라는 로봇산업 생태계를 조성하기 위해서 노력을 아끼지 않고 있다. 한국로봇산업진흥원의 주요 업무 중 하나가 급변하는 환경변화에 대응한 정책개발 지원이다. 정부를 지원해 5년마다 '지능형로봇 기본계획' 수립을 지원하고 이를 실행할 실행계획을 수립해 나가고 있다.

특히 로봇관련 핵심이슈 발생 시 정부 차원에서 이에 적절하게 대응하기 위해 정책연구 및 산업분석을 추진해 나가고 있다. 매년 로봇산업 실태조사를 통해 로봇 사업체 현황부터, 매출 및 생산실적, 인력현황, 연구개발 현황 등을 통계로 발표해 국내 로봇산업 발전을 위한 사업체의 경영전략 및 국가 정책수립의 기초자료로 활용하고 있다.

---

65) kbvresearch 'Artificial Intelligence (AI) Robots Market Size, Forecast by 2027'
66) 산업일보 '중국의 지능형 로봇시장…2025년이면 1천억 위안 돌파 전망'

또한 2024년에는 4차 지능형 로봇 기본계획의 수립을 앞두고 있다. 정부는 로봇산업 육성을 위한 정부의 전략을 5년마다 수립해 발표하고 있다. 진흥원은 3차 지능형 계획의 내용을 다시 한 번 되돌아보고, 다가올 5년간 정부의 로봇산업 육성정책을 총망라하여, 글로벌 로봇강국의 목표를 달성할 수 있도록 역량을 집중할 예정이다.

로봇산업의 성장을 위해 빠질 수 없는 부분 중 하나가 로봇산업 전문 인력의 육성이다. 진흥원은 로봇산업 및 타 산업간 기술 융합이 가능한 전문인력을 양성하기 위해 석·박사 인력양성과정을 운영하고 있다. 권역별 거점대학을 중심으로 로봇기반 석·박사급에 특화분야를 중심으로 교육과정을 운영했다. 약 400여명의 인력을 양성하고 대학과 로봇기업 간 산학프로젝트를 수행하는 등 성과를 보이고 있다.

미래의 로봇 전문가를 키우기 위한 사업도 추진하고 있다. 초·중학생을 대상으로 로봇 교육 프로그램을 기획하고 실시하는 창의교육 사업과 교육소외계층에게도 로봇을 접할 수 있도록 하는 창의 나눔 사업을 통해 로봇에 대한 접점을 늘려나가고 있다. 국제로봇콘테스트와 R-BIZ 챌린지 같은 경진대회를 운영해 로봇 기술력 향상과 로봇산업에 대한 긍정적인 마인드를 심어주고 있다.67)

---

67) 데일리안 '[D:로그인] 로봇과 함께 더 나은 세상을 만들어 갑니다 한국로봇산업진흥원'

6) 지능형 금융서비스

오픈AI가 2022년 11월 챗GPT를 공개한 이후 산업계에서 인공지능(AI) 기술을 활용하기 위한 다양한 시도가 이어지고 있다. 금융투자업계도 시대 흐름에 뒤처지지 않기 위해 투자를 늘리고 있다. 금융투자업계는 수년 전부터 알고리즘을 활용한 자문 서비스인 '로보어드바이저(Robo Advisor)'를 제공해왔다.

로보어드바이저는 로봇(Robot)과 투자전문가(Advisor)의 합성어다. 투자 자산을 인공지능(AI)이 자문해 주거나 운용하는 것을 말한다. 단순하게 데이터 통계를 바탕으로 자산배분 방안을 제시하던 수준에서 자체 개발한 딥러닝 AI에 운용을 일임하는 수준까지 발전했다. 증권사와 자산운용사, 자문일임사, 은행 등에서 관련 서비스를 제공하고 있다. 2017년부터 코스콤 RA테스트베드센터가 이들 기술의 안정성과 유효성을 평가하고 있다.

초기에는 핀테크 위주로 성장했지만, 대형 증권사와 자산운용사도 뛰어들어 로보어드바이저 서비스를 제공하고 있다. 코스콤 로보어드바이저 테스트베드센터 통계에 따르면 국내 로보어드바이저의 운용 규모는 2017년 8월 116억원에 불과했으나 2023년 1월 1조8250억 원 규모로 커졌다. 공모펀드 규모가 200조원 정도라는 걸 감안할 때 앞으로 더욱 성장할 가능성이 크다.[68]

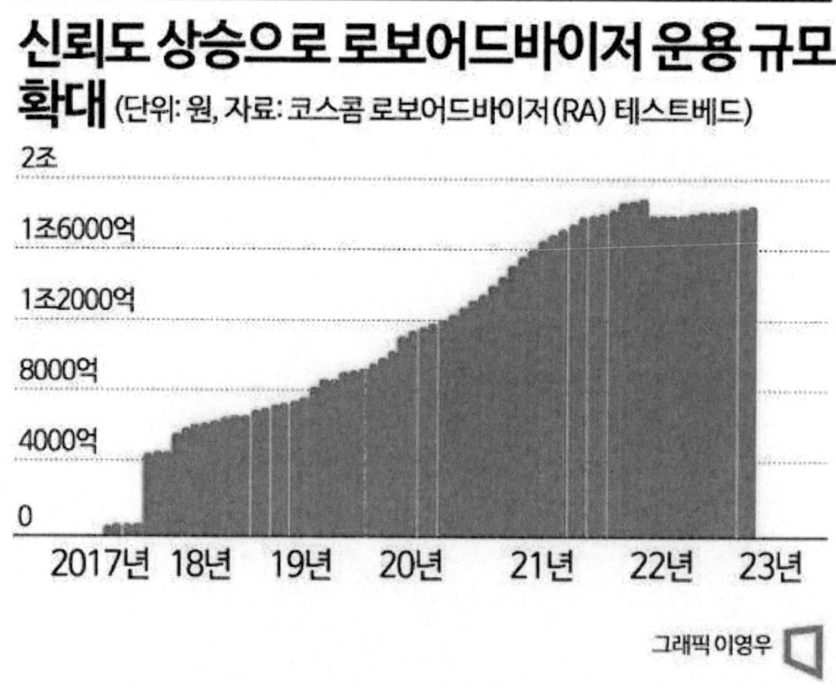

---

68) 아시아경제 '[투자도 AI시대]①커지는 로보어드바이저 시장…소비자도 더 똑똑해져야'

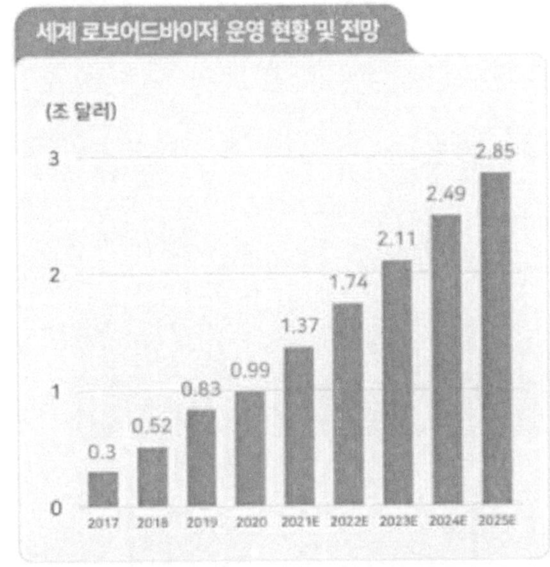

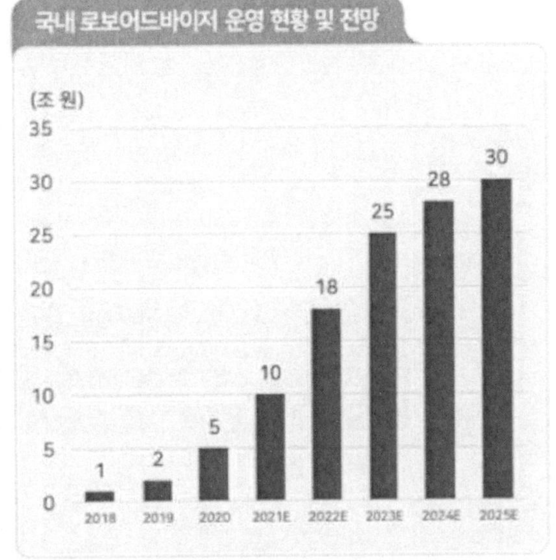

이성복 자본시장연구원 금융산업실 선임연구위원의 '국내 로보어드바이저 현황과 성과 분석'에 따르면 2020년 초반 코로나19 팬데믹이 선언된 이후 개인의 주식투자 참여가 증가한 시기와 맞물려 투자 자문·일임형 로보어드바이저 가입이 급증했다. 2019년 초 금융당국의 규제 완화로 로보어드바이저가 펀드·일임 재산을 위탁받아 운용할 수 있게 된 점도 한몫했다.

보고서가 작성된 2021년 6월 말 기준 가입자 수는 전년 동월 대비 81.7%, 관리자산 금액은 46.9% 증가했으며 2019년 6월 말 이후 투자자문형과 투자일임형 로보어드바이저의 가입자 수 기준 시장점유율은 지속적으로 증가해 2021년 6월말 43.4%를 기록했다.

국내에서 대표적으로 '파운트(fount)'가 있다. 파운트앱은 사용자 개인에게 포트폴리오를 추천 및 운용해주는 비대면 자산배분 투자앱이다. 파운트를 이용하면 개인의 투자성향에 맞춰 커스터마이징된 포트폴리오에 따라 투자할 수 있고 자체 알고리즘의 실시간 모니터링을 통한 펀드 추천 등이 제공된다.

2022년 12월 말 금융투자협회 전자공시 기준 파운트의 운용자산총액은 1조4174억 원이며 메리츠자산운용, 메트라이프, 삼성생명, 우리은행, 흥국생명, KB증권 등 총 20곳에서 파운트를 도입했거나 도입 중이다.

fount

미션　모든 사람들의 경제적 자유를 실현하기 위한 구체적인 해결책을 제시하자

비전　쉽고 빠른 로보어드바이저 자산관리 서비스 기업

고객 가치　"내 자산을 어떻게 관리하지?"라는 질문에 가장 좋은 답이 되는 서비스 제공

핵심 역량

저비용	편의성	전문성	고객맞춤	신뢰성
합리적인 수수료	디지털 기반 자산관리 자동화	선진 금융기법	맞춤형 고객 서비스	시장 검증

파운트의 인공지능 알고리즘 '블루웨일'은 세계 각국의 경제 데이터 및 시장지표를 조합해 5만2394개 시나리오 분석, '파운트 마켓스코어'를 산출하고 글로벌 경기를 예측한다.

또한 전 세계 금융자산, 상관관계에 따른 재분류를 통해 낮은 상관관계의 자산들은 안정적인 성과를 도출하고 파운트 마켓스코어를 기반으로 자산 간 비중을 조절하는 등의 방식으로 포트폴리오를 구성한다. 최근에는 '미니ETF' 상품을 출시해 20만원부터 소수점 매매로 글로벌 ETF에 투자가 가능해지기도 했다.

비슷한 서비스로 '핀트(Fint)'도 있다. 지난 2019년 4월 17일 발 빠르게 시장에 런칭한 핀트는 자체 운용 플랫폼 '프레퍼스'와 AI 엔진 '아이작'을 기반으로 개인화된 자산배분 포트폴리오를 구성한다.

핀트는 2022년 12월 초 기준 누적회원 수 95만 명, 누적 투자일임 계약 수 25만 건, 투자일임 액 1230억 원 이상을 기록하고 있다. 주 회원층은 2~30대지만, 올해 1월 말 기준 40대 이상의 중장년층 고객 비중이 42%로 지속 상승하는 등 다양한 연령이 사용하는 추세다.

투자는 최소 20만원부터 가능하며 분산형, 효율형, 집중형 중 고객이 직접 선택해 포트폴리오를 제공받을 수 있다. BC카드와 제휴해 소비가 투자로 이어지는 선불형 국제 체크카드 '핀트카드'를 개발하고 오픈뱅킹을 도입해 자유롭게 핀트머니 충전 및 송금, 투자금 입금이 가능하다. 마이데이터 사업 본 허가를 통해 금융 자산을 한눈에 확인할 수 있고 한 주간 소비 패턴을 분석하는 '소비 리포트'를 발행하기도 한다.

현재 자체 AI를 개발해 로보어드바이저 서비스를 제공하고 있는 국내 주요 증권사로는 미래에셋증권, 삼성증권, 신한투자증권, 키움증권 등이 있다.

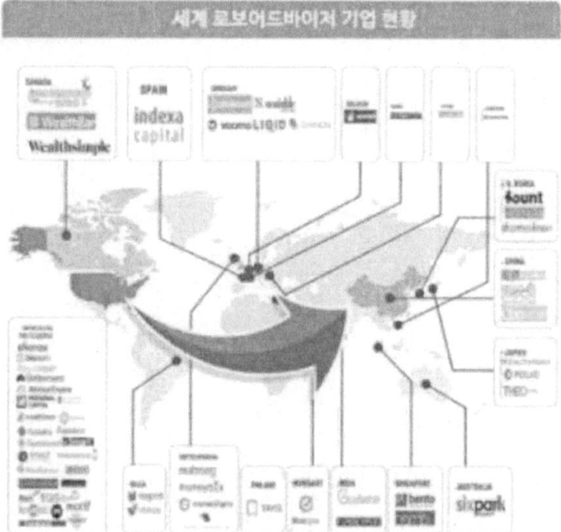

로보어드바이저 시장의 성장세는 세계적으로도 확인할 수 있다. 시장조사기관 스태티스타(Statista)는 세계 로보어드바이저 운용자산(AUM) 규모를 지난 2020년 기준 약 1조 달러에서 오는 2025년 2조8500억 달러 이상으로 전망했다.

세계 로보어드바이저 시장은 미국이 약 77%의 점유율로 주도하고 있으며 주요 플레이어로는 미국 betterment, 캐나다 wealthsimple, 영국 nutmeg, 독일 scalable, 일본 wealthnavi가 있다.[69][70]

---

69) 이뉴스투데이 '투자도 AI가 하는 시대...로보어드바이저 각광'
70) 자료 : 유진투자증권

라. 국내외 인공지능 관련 정책[71]

미국과 유럽의 경우 인공지능 분야에 대한 활발한 연구와 투자가 진행되고 있기 때문에 인공지능 관련 정책이 정교할 것으로 기대되지만 사실 인공지능만을 위한 정책보다는 ICT(정보통신기술) 정책 등에 포함된 경우가 많고, 인공지능을 실제 사회에 도입할 때 발생하는 위험이나 법적 과제 등의 사회경제적 측면, 안전성 확보 등의 윤리적 측면에서의 논의가 시작되고 있는 것이 현실이다.

각 나라별로 인공지능 관련 정책을 살펴보면 다음과 같다.

1) 미국

< 연도별 주요 정책 이니셔티브 >

2016	2017	2018	2019	2020	2021
• 'AI의 미래를 위한 준비' 보고서 • 국가 AI R&D 전략 계획	-	-	• '미국의 AI 리더십 유지를 위하여' 행정명령 • 국가 AI R&D 전략 계획 : 업데이트	• AI 이니셔티브법 • 글로벌 AI 파트너십 공동 출범	• AI국가안보위원회 최종보고서

미국은 2016년 다음과 같은 연방 정부의 7가지 인공지능 R&D 전략 방향을 제시하며 민간투자가 어려운 기초/원천 기술 중심으로 국가수준의 투자를 집중하고 인공지능으로 인한 사회적 문제에 대한 정부의 역할 모색 하는 등 다양한 인공지능 정책을 발표 하였다.

① 인공지능 연구에 대한 장기 투자
② 인간-인공지능 협업을 위한 효과적인 방법 개발
③ 인공지능의 윤리적·법적·사회적 함의에 대한 이해 및 접근
④ 인공지능 시스템의 안전과 보안성 확보
⑤ 인공지능 학습/테스트를 위한 공공 데이터 및 환경 개발
⑥ 표준 및 벤치마크를 통한 인공지능 기술 측정 및 평가
⑦ 국가 인공지능 R&D 인력 수요에 대한 충분한 이해

또한, 사이버방어/사기 탐지 인공지능 개발, 시장 경제 지원과 같은 인공지능의 투자 및 개발을 통해 공익을 극대화 할 수 있는 방안을 모색하고 있으며 인공지능의 발전으로 인한 미래의 일자리 변화에 대비하여 다양한 교육과 훈련을 지원하고 있다.

---

71) 국내외 AI 정책 방향과 시사점, 공영일, 소프트웨어정책연구소 (2017.02.28.)

이후 트럼프 정부로 들어서며 미국 과학기술정책국(OSTP)은 트럼프 정부의 인공지능 기술 지원 방안을 제시했다.

2018년 5월 백악관은 인공지능 기술의 잠재적 기회 실현을 위한 인공지능 서민 회의를 개최하고, 산업별 인공지능 기술의 활용 방안 등을 논의했다. 이를 통해 인공지능 관련 R&D, 근로자 역량개발, 인공지능 혁신관련 규제 장벽 등 다양한 산업 주제들이 논의되었으며, 산·학·연 전문가 및 정부 관계자 등 100여명을 초빙해 회의를 진행했다.

그 결과, 트럼프 정부는 인공지능 기술이 미국 경제와 국가 안보를 증진하는데 긍정적으로 기여할 것으로 평가하고, 2019년 2월, 對 중국 패권경쟁과 맞물려 행정명령인 「미국의 AI 리더십 유지를 위하여(Maintaining American Leadership in AI)」를 발행하였다.

이후에는 非 국방 분야에서 제정된 AI 관련 유일한 종합적 접근의 법으로, R&D, 정책 연구, 교육·훈련, 부처 간 협업 및 非 정부 기관의 참여 촉진될 수 있는 「국가 AI 이니셔티브법(National AI Act of 2020)」 제정을 통해 AI 정책의 법적 기반을 마련하였다. 이 법은 「국방수권법(National Defense Authorization Act)」의 일환으로, 미국에서AI 촉진이 국가 안보의 수호와 이익의 보호를 위한 수단으로 이해됨을 보여준다.

<미국 「AI의 미래를 위한 준비」 보고서 권고 요약>

구분	주요 내용
(51편) 국가 AI 이니셔티브	- 대통령은 미국의 AI R&D 리더십 유지, 공공 및 민간 영역에서의 신뢰할 수 있는 AI시스템 개발, 미래 인력 양성, 관련 연구·개발·실증 등의 업무 조정을 위해 국가 AI이니셔티브를 수립·이행 - 부처 간 협력위원회 및 자문위원회 운영, 공공 및 민간을 포함한 이해관계자 간 정보 교환, 이니셔티브에서 도출된 기술·혁신·전문지식에 대한 접근성 촉진 등을 위해 국가 AI 이니셔티브실 설치 - 국가 AI 이니셔티브 지원의 일환으로 R&D, 실증, 교육, 훈련 등의 연방 프로그램 및 활동을 조정할 부처 간 협력위원회 설치 - AI 경쟁력, 국가 AI 이니셔티브 성과, 노동시장 변화, 사회적 영향, 정부 운영, 국제 협력, 표준 개발, 지역 발전 등 AI와 관련한 전방위적 이슈에 대해 대통령과 국가 AI 이니셔티브실에 조언하는 국가 AI 자문위원회 설치 - 국립과학재단은 전미과학공학의학한림원의 연구평의회와의 계약을 통해 AI와 자동화확산이 노동시장에 미치는 영향 파악, 관련 데이터 확보, 권고안 마련을 위해 노동력에 관한 연구 실시

	- 국립과학재단은 과학기술정책국과 협력하여 국가 AI 연구자원의 확보·유지·운영, 자원할당 관리, 자원 개발 및 유지를 위한 역량 확보, 자원 보급에 대한 평가 및 장벽 완화 방안 등을 담은 로드맵을 수립하고 관련 컨설팅 수행
(52편) 국가 AI 연구소	- 국립과학재단은 가용 재원에 따라 특정 산업 분야 및 AI의 윤리적·사회적 문제 연구, 혁신 생태계 조성, 다학제적 연구·개발 지원, 인력 양성 등을 수행할 민관 협력의 AI 연구소 지원
(53편) 상무부 AI 활동	- 신뢰할 수 있는 AI 시스템 개발을 위해 데이터 관리, 안전 확보, 감사 메커니즘 및 벤치마크 마련, 시스템 문서화 등 AI 시스템 개발 및 활용과 관련한 표준·가이드라인· 프레임워크 개발 지원 - 다양한 소속 및 다양한 분야의 이해관계자 참여를 촉진하고, 국가 AI 이니셔티브에서 도출되는 가이드라인과 우수 사례에 대해서 대중이 의견을 제시할 기회 제공 - 해양대기청의 AI 연구 조정 및 촉진, 데이터 구축 및 표준 마련, 인력 양성, AI 전환 가속화, 이해관계자 협업 조성, 해양대기청 데이터 활용 활성화를 위해 해양대기청 내 AI 센터 설치 및 지원
(54편) 국립과학재단 AI 활동	- 국립과학재단은 연구 수행, 각급 학교의 AI 교수·학습 향상, AI 분야의 참여 확대, 민·관·학 협력 장려, 연구 및 교육 인프라 확충, 대회 개최, 데이터 공유 마련 등을 위해 재정 지원
(55편) 에너지부 AI 연구 프로그램	- 에너지부는 부처 목표에 걸맞게 자연 현상 등의 시뮬레이션, 에너지 관련 데이터 분석, 의사결정 자동화, AI 시스템 개발 방법론 연구, 첨단 AI 하드웨어 개발, 신뢰할 수 있는 AI 시스템 개발 등을 위해 연구를 지원하고 관련 기관과 협업

그리고 바이든 정부로 들어서면서 중국의 AI 기술 추격에 대한 견제를 넘어, 민주주의와 자유로 상징되는 미국의 가치를 지키기 위한 핵심 도구로서 AI에 대한 정책 담론 형성했다.

바이든 행정부 초기 발표된 AI국가안보위원회(National Security Commission on AI;NSCAI) 보고서는 AI가 기술은 물론 정치·사회·심리 차원에서의 전략임을 보여준다. 보고서 서두의 미국 국민에게 전하는 메시지에서는 중국의 권위적·억압적 AI 활용으로 인한 민주주의와 개인의 자유 침해의 가능성, 동맹국과의 협력을 통한 민주적 AI 규범 구축을 강조했다.

특히, AI국가안보위원회의 보고서는 AI 시대의 위험이 적수(adversary)의 악의적 활용에 의한 것임을 강조함으로써, AI 기술 경쟁을 선과 악의 경쟁으로 구분하였다.

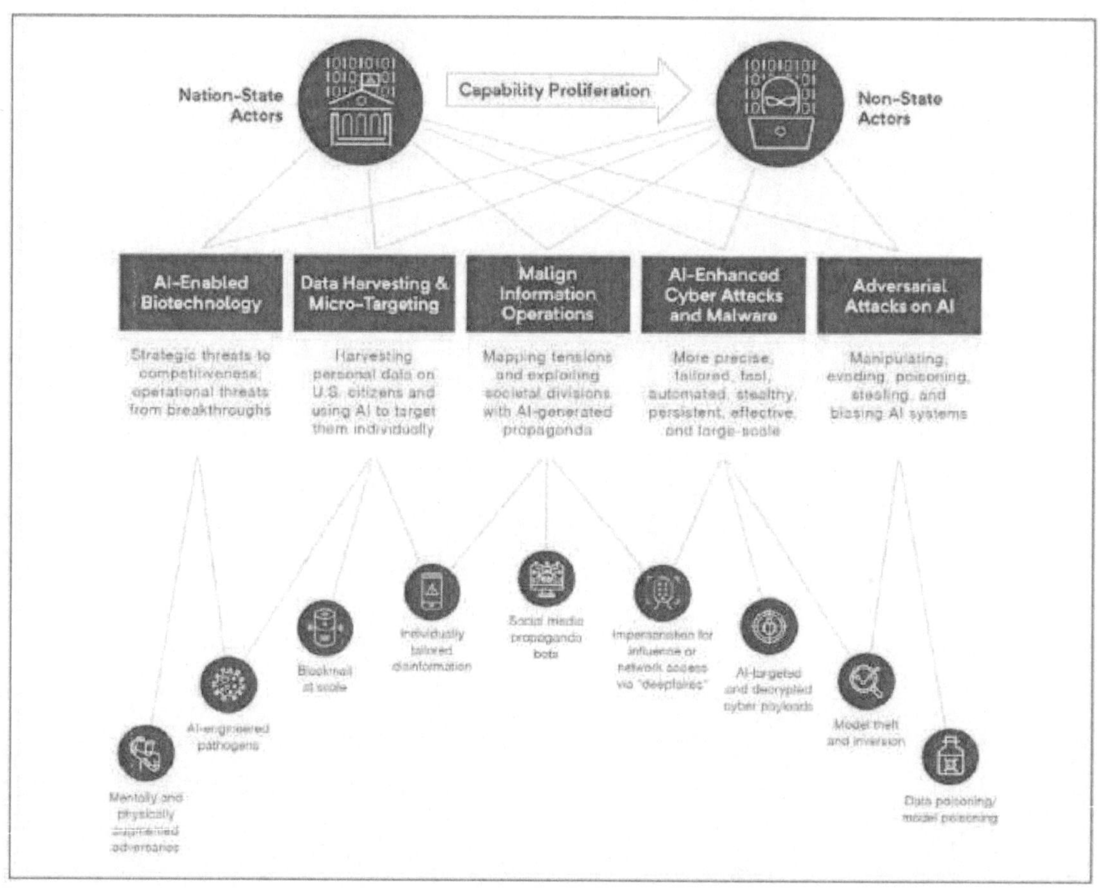

그림 93 미국 AI 국가안보위원회 보고서에 제시된 악의적 AI 활용이 사회에 미치는 영향

또한 바이든 대통령은 임기 초부터 중국과 러시아 등 권위주의적 국가와의 AI 가치 경쟁에서 주도권을 잡기 위해, 동맹국과의 협력 강화에 주력하였다. 먼저 중국 기업에 대한 반도체 제재에 따른 글로벌 반도체 공급망 위기 극복을 위해 한국, 일본, 대만, 미국으로 이루어진 '칩4' 동맹 형성을 제안했다.

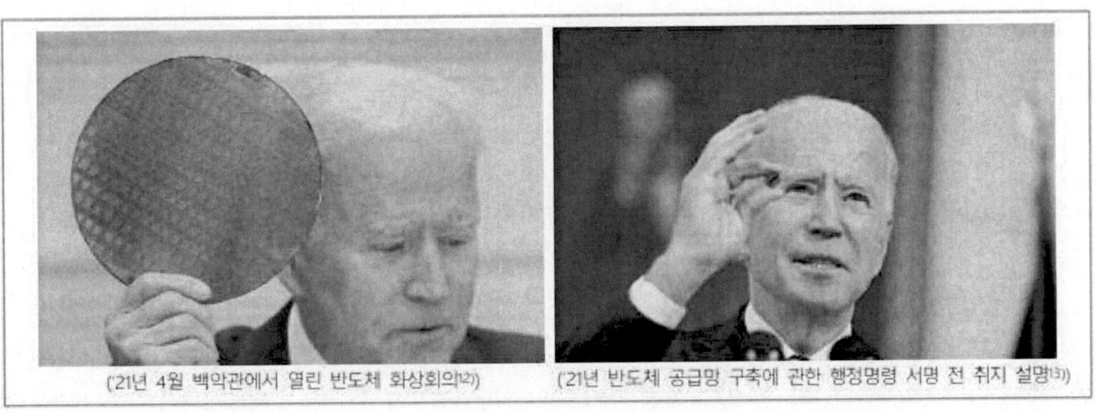

그림 94 주요 행사에서 반도체 공급망의 중요성을 강조하는 바이든 대통령

그리고, 국립표준기술연구소(National Institute of Standards and Technology; NIST)의 연구, 글로벌 AI 파트너십(Global Partnership on AI; GPAI), ISO/IEC JTC 1/SC 42(국제표준화기구 및 국제전기기술위원회 첫 합동기술위원회)등을 중심으로 글로벌 표준 선점 과정에서의 영향력 강화에 노력을 기울였다.72)

---

72) NIA한국지능정보사회진흥원(2022.8)「주요국가AI전략분석-미국,영국,독일,싱가포르,캐나다를 중심으로」

2) 중국

중국 정부는 2015년부터 인공지능 산업 육성을 본격화하고 있으며, 2017년 7월 국무원은 인공지능 강국 건설을 목표로 하는 「차세대 인공지능 발전규획」을 발표했다.

중국은 2015년 인터넷과 실물경제를 융합하는 것을 골자로 하는 「인터넷플러스」 정책을 발표하였으며, 주요 융합대상인 11개 분야 중 한 가지로 인공지능을 포함했다. 이어 2016년부터 향후 5년간 경제사회 발전방향을 담은 13.5 규획에 인공지능을 처음으로 포함하며, 같은 해 5월 인공지능 분야 생태계 구축을 골자로 하는 「인터넷플러스 인공지능 3년 행동 실시방안」을 발표했다.

이후, 2017년 7월과 12월에 각각 「차세대 AI 발전계획」과 「차세대 AI개발을 위한 3개년 실행계획」을 발표하며, 본격적인 AI 정책 이행에 착수했다. 「차세대 AI 발전계획」은 5년 단위로 기술, 산업, 이용환경 등 3개 영역에서의 목표를 설정 및 달성을 위한 6개 주요 과제 제시하는 장기적 발전 방향과 전략을 설정했다면, 「차세대 AI개발을 위한 3개년 실행계획」은 '20년까지의 단기적 목표 달성을 위한 스마트제품, 핵심 기술, 스마트 제조, 지원 시스템 분야에서의 구체적 이행방안 제시하였다.

발표시기	주무부서	정책명	관련 내용
2015.5	국무원	인터넷플러스 행동의 지도의견	인터넷플러스 융합 항목에 인공지능 포함
2016.3	국무원	13.5 규획	인공지능 키워드 추가
2016.5	국가발전개혁위원회, 과학기술부, 공업정보화부, 중앙네트워크판공실	인터넷플러스 인공지능 3년 행동 실시방안	인공지능 영역 칩셋, 센서, 저장시스템, 네트워크 설비 등 생태계 구축
2017.3	국무원	정부업무보고	인공지능 키워드 추가
2017.3	과학기술부	과학기술혁신 2030-주요프로젝트	인공지능2.0 추가, 국가전략으로 격상
2017.7	국무원	차세대 인공지능 발전규획	5년 단위로 기술, 산업, 이용환경 등 3개영역에서의 목표를 설정

2017.12	중국공업신식화부	차세대 AI개발을 위한 3개년 실행계획	2020년까지의 단기적 목표 달성을 위한 스마트제품, 핵심 기술, 스마트 제조, 지원 시스템 분야에서의 구체적 이행방안 제시
2018.4	교육부	고등교육기관 AI 혁신 행동계획	인공지능(AI) 발전
2021.7	중국정보통신연구원	신뢰할 수 있는 AI에 관한 백서 발표	신뢰할 수 있는 인공지능 시스템 인증제
2021.9	과학기술부	차세대 AI 윤리 규범 발표	인공지능에 대한 인간의 통제
2022.3	중국 국가인터넷정보판공실, 공업·정보화부, 공안부, 국가시장감독관리총국	인터넷 정보서비스 알고리즘 추천 관리 규정 도입	인터넷 정보 서비스의 건강한 발전을 촉진

표 26 중국 인공지능 관련 정책문건 및 주요 내용

「차세대 AI 발전계획」에는 2050년까지 중국 인공지능의 발전 로드맵이 담겨 있으며, 단기적으로는 응용기술에 비해 취약한 기초기술 확보에 주력할 것으로 보인다. 아울러 중·장기적으로는 인공지능 산업 생태계를 구축하여 2050년에는 중국이 산업 전 영역에서 세계시장을 선도하는 위치로 도약할 것을 목표로 하고 있다.

기간	전략 목표	주요 내용
2020년	기술 및 응용 세계 선두권	- 인공지능 기술 표준 및 서비스 체계 구축 - 글로벌 선도 기업 육성, 핵심 산업 규모 1,500억 위안 초과, 관련 산업 규모 1조 위안 - 인공지능 정책 규범 마련 등
2025년	인공지능 이론 발전	- 새로운 인공지능 연구 성과 확보 - 제조, 의료, 도시, 농업, 국방 등 다양한 영역에서 활용 - 핵심 산업 규모 4,000억 위안 초과, 관련 산업 규모 5조 위안 - 인공지능 법률 규범 및 이론 범위·체계 구축 등

2030년	인공지능 이론 및 기술, 응용 전 분야 세계 선두	- 뇌 알고리즘, 스마트제어 등 다양한 영역에서의 성과 확보 - 인공지능 산업 경쟁력 확보, 핵심 산업 규모 1조 위안, 관련 산업 규모 10조 위안 - 인공지능 법률, 법규, 정책 체계 완성 등

표 27 중국 차세대 인공지능 발전규획의 시기별 전략 목표와 주요 내용

다음은 「차세대 AI개발을 위한 3개년 실행계획」의 주요내용이다.

주요 목표	세부 내용
인공지능 적용 제품 및 응용 범위 확대	스마트 커넥티드카, 로봇, 드론, 의료영상 진단시스템, 영상식별, 스마트 음성 인식, 번역, 가정용품 등에 인공지능 적용
인공지능 전반 핵심 기술 향상	스마트 센서 제품 개발, 신경망 칩, 개방형 플랫폼 구축
스마트제조 발전	스마트제조 핵심기술 및 장비 개발
인공지능 지원 시스템 및 인프라 개선	인공지능 관련 DB 구축, 스마트 네트워크 인프라, 보안 시스템 구축

표 28 차세대 인공지능 3년 액션플랜 2018-2020 주요 목표와 내용

중국은 인공지능 전문가 양성을 위해 고등교육 기반의 인재양성 시스템을 구축하고 있다. 교육부는 인공 지능 분야의 과학기술 혁신 및 인재양성을 위한 인공 지능 과학기술 혁신의 근거지 구축 방안을 '고등교육기관 인공 지능(AI) 혁신 행동 계획'을 통해 제시했다. 그리고 각 대학에 '인공지능+X' 복합전공 육성 계획을 수립해 2020년까지 AI 복합전공 학과 100개, AI 학교·연구소·교차연구센터 50개를 개설토록 했다고 전했다. 이에 따르면 '인공지능+X' 복합전공은 AI와 컴퓨터공학, 수학, 물리학, 심리학, 사회과학 등 다양한 학과의 학제 간 연계를 필요로 한다.

중국 교육부는 2030년까지 각 대학이 국가에 기술적 지원 및 전문가들을 제공하는 세계적 주요 AI 혁신센터의 핵심이 될 것으로 전망하면서 강화된 기초이론연구, AI 센터 추가 설립, 높은 수준의 두뇌집단(싱크탱크), 국제협력이 필요하다고 밝혔다.

또한 인공 지능 기술의 독자적 연구 성과를 거두고 세계적 수준의 이론연구, 혁신기술, 응용모델 개발을 위해 인공 지능 인재양성 시스템 개선 및 보완 방안(①~⑦), 정책적 조치를 제시 했다.

방안 ① (단과대학 구축) 인공 지능, 컴퓨터, 양자공학, 신경과학, 인지과학, 수학, 심리학, 경제학, 법학, 사회학 등 학과 간 상호통합을 기반으로 학제 간 학과 개편·발전 추진

방안 ② (인공 지능 전공개설) 새로운 복합전공 양성모델을 구성하여 2020년까지 100개의 '인공 지능(AI)+X' 복합전공 구축

방안 ③ (교과과정 개편) 2020년까지 빅데이터, 정보통신관리 등 관련 전공과 융합한 50권의 학부·대학원 교재 편성, 50개의 온라인 강의 개설 * 인공 지능 기초, 기계 학습, 신경망, 패턴인식, 컴퓨터 비전, 지식 공학, 자연언어 처리 등 핵심 강의 개설

방안 ④ (인재양성 강화) 인공 지능 분야의 多주체 협동 교육제도를 개선하여 2020년까지 50개 인공 지능(AI) 학교(학원), 연구기관 및 교차 연구센터 설립
인공 지능 분야의 산학연 연계를 기반으로 교육, 양성, 연구를 통합하는 지역 공유형 인재양성 실천 플랫폼 구축

방안 ⑤ (보편교육 실시) 초중등학교의 인공 지능 관련 보편교육 도입, 인공 지능 전문 교육, 직업 교육 및 대학 기초교육을 통합하는 대학 교육시스템 구축
대학 내 인공 지능 강의와 연구자원 개방을 통한 인공 지능 지식보급서비스 플랫폼 구축 및 인공 지능 관련 평생교육 실시

방안 ⑥ (창업지원) 대학의 과학기술원, 혁신창업기지에서 인공 지능 분야의 혁신창업지원
인공 지능 관련 창업 및 과학기술 공모전 개최

방안 ⑦ (국제협력강화) 인공 지능 분야 해외 유학생 대상 장학금 지원 및 중국 학생들의 유학 지원
'유네스코 중국 창업교육 연맹'을 통해 인공 지능(AI) 혁신 창업에 대한 국제교류 및 협력 확대·추진

표 29 인공지능 인재양성 시스템 개선 및 보완방안

① **(조직강화)** 교육부는 계획 지도 및 조정을 위한 '인공 지능(AI) 과학기술 혁신전략 전문 가위원회' 설립

② **(자원분배 최적화)** 대학은 국가의 수요에 따라 석·박사 모집, 박사과정 학생의 능력을 향상하고 인공 지능 혁신 발전에 필요한 인재양성 주도

③ **(인재육성 확대)** 교육부 혁신 플랫폼의 건설을 가속화하고 대학들의 학제 간 연구를 주도하여 기초연구 및 인재육성 강화

④ **(홍보강화)** 교육부는 '중국 대학 과학기술 성과 박람회' 등을 통해 대학의 중요한 과학기술성과에 대한 홍보강화 주도

표 30 정책적 조치

또한, 교육부는 인공 지능 인재양성을 위해 중-미 대학 간 협력, 중국 대학의 교수 진 및 학과 체계 강화방안을 마련해 5년 내 인공 지능 교수 500명, 학생 5,000명을 양성하고, 2018년에는 교수 100명, 학생 300명 확보하기 시작하였다.

이러한 계획에는 인공 지능 학계 권위자인 존 홉크로프트(John E. Hopcroft), 제프리 힌튼(Geoffrey Hinton), 전 구글차이나 사장인 리카이푸 등이 멘토로 참여하고 있다.

중국은 중미협력을 강화하기 위해, 중-미 인공 지능 인재육성 협력 프로그램을 개발하여 미국 대학과 인공 지능 공동연구를 수행하고 중-미 간 인공 지능 분야의 교류 및 협력을 강화하기 위한 노력을 하고 있다.

또한, 중국 대학의 인공 지능 교수진의 교육능력 향상을 위해 '2018 중국 대학교수 인공 지능 양성반'을 개설하여 대학 내 인공 지능 교수진을 중점으로 육성하고 있으며, 컴퓨터 및 인공 지능 과목을 개설한 대학교의 교수를 선발하여 무료로 교육을 진행하고 있다. 교육과정 이수자에 교육부중외인문교류센터, 학교기획건설발전센터, 혁신공장 인공 지능 공정원, 북경대학 인증 수료증을 수여하고 있다.

그리고, 중국 대학의 인공 지능 인재양성을 위하여 '디캠프(DeeCamp)'를 진행하고 있다. 이는 전 세계 수학, 컴퓨터, 전자공학 등 관련 전공 학부재학생, 박사과정, 석사과정을 대상으로 실시하며, 자연어 처리, 빅 데이터 구조 설계, 기계학습 및 실습과 같은 과목을 교육한다.

한편, 2018년 트럼프 행정부가 중국산 수입품에 관세를 부과하면서 양국 간 무역 전쟁이 시작되었으며, 이는 바이든 행정부까지로 이어지며 중국 기술 기업에 대한 지속적인 통제 양상을 보이고 있다. 무역 전쟁이 점차 기술 분야 중심으로 전개되면서, 그 근본적 의도는「중국제조 2025」,「인터넷+ 행동계획」,「차세대 AI 발전계획」등 중국의 잇따른 기술 정책 및 기술 분야 성장에 대응하기 위한 전략이라고 평가되고 있다.

또한 중국 정부가 민간 기업과의 협력에 기반 해 AI를 시민의 감시 목적으로 활용하는 것이 알려지면서 국제 사회의 비판이 거세졌는데, AI 기반 기술을 활용한 신장 지역 위구르족의 감시와 통제는 인권 단체 및 언론의 혹독한 비판의 대상이 되었으며, 이러한 감시와 통제에 적극 협조하는 중국 IT 기업에 대한 제재 논의로 이어지기도 했다.

AI에 기반 한 시민 감시로 여전히 비판받는 가운데, 중국은 2021년과 2022년 일련의 AI 규범, 규정, 지도 의견을 발표하면서 새로운 면모를 보이기 시작했다.「신뢰할 수 있는 AI에 관한 백서」('21.7),「차세대 AI 윤리 규범」('21.9),「인터넷정보서비스 알고리즘 종합 거버넌스 강화에 관한 지도 의견」('21.9),「인터넷 정보서비스 알고리즘 추천 관리 규정」('22.3) 등이 대표적인 사례로, 중국은 어느 국가보다도 빠르게 AI 원칙에서 이행으로 전환했다.

중국 정부가 실질적으로 책임 있는 AI의 실현에 앞장설 것인가라는 의문과는 별개로, 위와 같은 움직임은 중국이 EU와 더불어 AI 거버넌스 측면에서 선두 자리를 차지하는 것은 물론 국제적 규범에 영향력을 미치도록 기능한 것으로 보고 있다.

그리고 최근 중국정부는 UNESCO, UN 등 국제기구의 책임 있는 AI 사용을 위한 이니셔티브에 적극적으로 동참하며 2021년 11월 AI 기반 사회신용시스템 금지에 관한 내용을 포함한 UNESCO의 「AI 윤리 권고」에 찬성표를 던졌다. 이렇듯 AI 거버넌스를 구축하는 데 있어서 다자주의를 존중하는 모습을 보임으로써 국제 사회에서 존재감을 드러내고 있다.[73]

---

73) NIA한국지능정보사회진흥원(2022.12) 「주요국 인공지능(AI) 전략 분석(하)-중국, EU 및 회원국, 호주 일본, 인도를 중심으로」

3) 일본[74]

< 연도별 주요 정책 이니셔티브 >

2017	2018	2019	2020	2021	2022
• AI 기술 전략	-	• AI 전략 2019 • 인간 중심의 AI 사회 원칙	-	-	• 반도체 산업 부활을 위한 기본전략 • AI 전략 2022

아베정부는 장기간 지속된 일본 경제의 부진 탈피와 새 시대 준비를 위해 「일본재흥전략」을 매년 발표하고 있다. 특히 2015년부터는 저출산·고령화로 인한 생산 가능인구 감소, 4차 산업혁명이라는 내외 부 도전을 타개하기 위해 미래 투자를 통한 생산성 혁명을 주요 전략으로 채택해 미래 투자를 통한 생산성 혁명을 달성하기 위한 주요 시책으로 범부처 차원의 혁신기술(AI, IoT, 빅 데이터 등) 활용 극대화를 제시하고 있다.

2016년 재흥전략은 2015년 목표를 재확인하고, '4차 산업혁명을 향해'라는 부제에 부합하게 AI, IoT, 빅 데이터 등을 활용한 「민관 전략 프로젝트 10」을 핵심시책으로 발표했다.

2016년 일본재흥전략에서는 자율주행, 스마트 공장, 소형 범용 로봇 등의 신기술 도입을 통한 고부가가치 창출 (2020년까지 30조엔)을 목표로 범 부처, 민관협력을 강조하고 있다.

특히 4차 산업혁명을 주도하는 이노베이션 달성을 위해 대규모 국가 프로젝트가 필요함을 지적 하고 그 시작으로 인공지능을 제시하고, 부처 간 장벽을 초월한 기술 인텔리전스 강화와 기술 동향을 고려한 중요 분야(기술기반인 AI, 로봇, 바이오, 에너지, 환경 기술 등의 융합연구)에서의 기술전략을 수립했다.

먼저, AI R&D와 이노베이션 시책의 관리를 총괄할 총무성, 문무과학성, 경제산업성 3성 연계의 사령탑인 인공지능기술전략회의를 설치하여 AI 연구개발 관리 및 로드맵을 구축했다.

또한, AI의 기술적 특징과 일본이 가진 로봇, 제조업 등과의 융합에 기반한 도전적 AI 연구개발 추진을 강조해 도전적 AI 연구개발을 위해 부족한 인력 및 공급과잉인 인력의 종류와 분야, 필요한 교육훈련 및 법제도 유형에 대한 신속한 검토 또한 강조했다.

---

74) 일본의 인공지능(AI) 정책 동향과 실행전략, 정보통신기술진흥센터

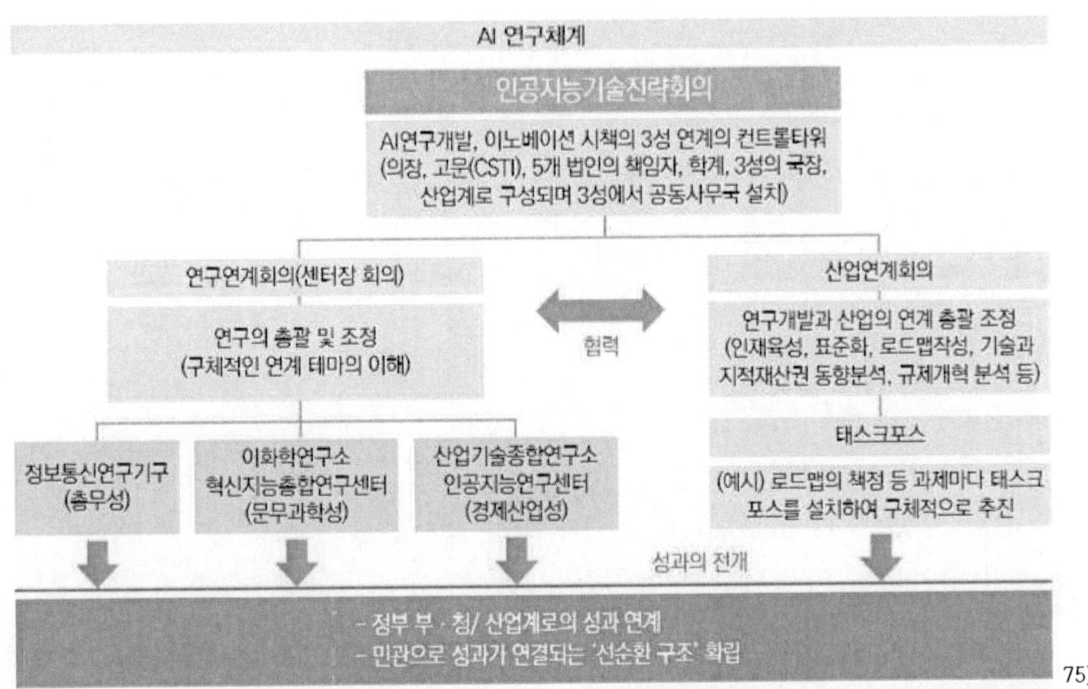

그림 96 일본 AI 연구체계 [75]

일본은 이에 그치지 않고, 과학기술을 통한 지속 성장과 4차 산업혁명 추진을 위한 로드맵을 설정하고 과학기술정책의 큰 방향성을 민관협력을 통한 4차 산업혁명 대응으로 설정한 제5기 과학기술기본 계획을 발표했다.

일본 정부는 이러한 도전적인 R&D와 새로운 가치·서비스가 연속으로 창출되는 미래를 '초 스마트 사회(society 5.0)'로 명명하고 강력하게 추진했다.

초 맞춤형을 지향하는 초 스마트사회 실현과 서비스플랫폼 구축을 위해서는 기반기술인 AI 기술 개발과 관련 인재확보가 필요하기 때문에, 세계적으로 우수한 인재, 지식, 를 통해 AI R&D의 진전이 가져올 미래 사회 변화에 대한 통찰력을 확보할 수 있도록 정책을 수립하였다.

또한 2017년 인공지능기술전략회의는 일본 경제발전과 초 스마트사회 실현을 위한 AI 정책 실행전략인 AI 연구 개발 목표 및 산업화 로드맵을 발표했는데 이를 통해 「일본재흥전략」과 「제5기 과학기술기본계획」에서 제시했던 글로벌 선도를 위한 일본의 강점과 AI의 융합 필요를 재확인했다고 평가받고 있다.

---

75) 출처: 일본의 인공지능(AI) 정책 동향과 실행전략, 정보통신기술진흥센터

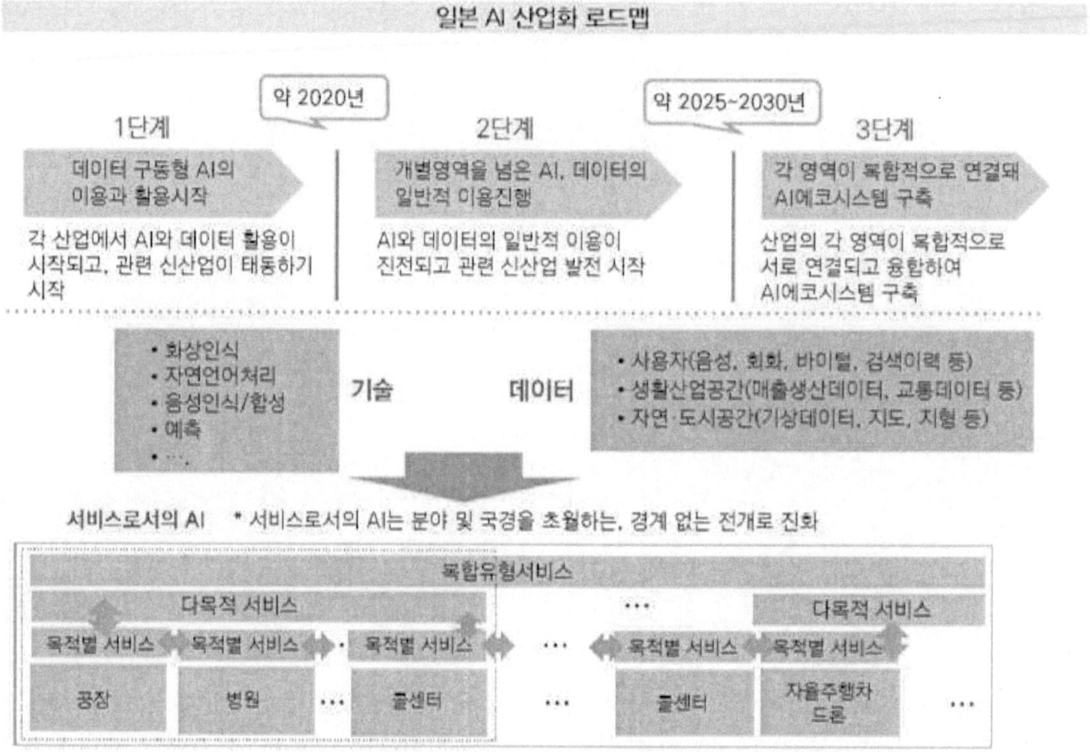

그림 97 일본 AI 산업화 로드맵

    2019년 일본은 경제적 성장과 사회적 과제의 해결이라는 두 개의 목표가 충족된 사회인 Society 5.0의 실현을 궁극적 목표로 「AI 전략 2019」를 발표했다. 「AI 전략 2019」에서는 존엄, 다양성과 포용, 지속가능성을 3대 원칙으로 설정하고 인재, 산업, 기술 체계, 국제협력 등 4개 영역에서 전략 목표를 제시했다.

< 「AI 전략 2019」 4대 전략 목표 >

구분	주요 내용
전략 목표1	AI 시대의 요구에 맞춰 세계를 선도하는 인재 기반을 마련하고 전세계의 인적 자원 유치
전략 목표2	AI를 실제 산업에 적용하고 강화된 산업 경쟁력을 성취하는 데 있어 선두 주자로 발돋움
전략 목표3	다양성을 받아들이는 지속가능한 사회 구현을 위한 기술 체계 구축 및 운영 메커니즘 마련
전략 목표4	AI 분야에서 국제적인 연구, 교육, 사회 인프라 네트워크를 구축하기 위해 주도적인 역할을 수행하고, AI 관련 연구개발, 인적 자원 개발, SDG 달성을 가속화

    위의 전략 목표 달성을 위해 교육 개혁 및 연구개발 체계 재건을 포함하는 미래기반 구축과 사회·산업·정부에서의 AI 활용을 촉진하고 이를 위한 데이터 인프라를 마련하는 산업·사회 기반 확립을 두 축으로 이행 과제를 발굴했다.

구분		주요내용
미래 기반구축	교육	- 생애 전주기 교육(초중등, 고등, 평생) 수학, 과학, AI, 데이터 과학 분야 리터러시 향상 - 수학, AI, 데이터 과학 지식 응용을 위한 체계 마련, 지역 문제 해결을 위한 인재 양성 - 전문 인력을 양성하고, 잠재력을 최대로 발현할 수 있는 환경 조성 - 수학, AI, 데이터 과학 분야 우수 프로그램에 대한 인증제 및 학점제 도입
	연구개발	- 핵심 연구 네트워크 형성 및 연구 지원 체계 강화 - AI 분야 기초 이론 및 기술, AI 기기 및 아키텍처 등 핵심 분야 연구 프로그램 착수
산업 및 사회 기반 확립	사회적 활용	(건강) AI 활용을 위한 데이터 인프라 구축, 의료 분야 AI 기술 촉진, 예방 의학 및 장기 돌봄 분야에 AI와 IoT 기술 활용, 최고의 의료 AI 시장 형성, 의료 AI 인재 양성 (농업) 스마트 농업 기술 도입, 스마트 농업에 기반한 산업 성장, 농업 AI 인재 양성 (재난 대응) 핵심 인프라 및 노후 인프라에 대한 감시·진단, 토지 정보의 3D화 및 플랫폼 구축, AI를 활용하여 재난에 대한 회복력을 갖춘 도시 개발 추진 (교통 및 물류) 인간 관련 요소로 인한 교통사고 감소, 이동에 따른 사회적 비용 최소화, 이동 및 물류에서 발생하는 활용을 통해 부가가치 향상 (지역사회 활성화) 사회적 이슈 대응, 다양성을 존중하는 사회 건설, 디지털 정부의 실현을 위한 포용 기술 개발 및 스마트 시티 플랫폼 구축
	데이터인프라	- 핵심 분야의 데이터 활용과 연계를 위한 인프라 구축, 데이터 품질 인증 체계 마련 - 신뢰할 수 있는 데이터 간 연계 인프라 구축, 고도의 사이버 공격 대응 방안 마련 - 5G 국가망 및 광섬유 통신 개발 촉진, 네트워크 인프라의 안전성 확보
	디지털정부	- AI를 활용한 공공서비스의 편의성 및 생산성 향상 - 업무 효율 향상, 행정 비용 감소, 공공서비스 유지를 위해 AI 및 로봇 사용 촉진
	기업지원	- AI의 활용을 통한 중소기업의 생산성 향상 및 AI 관련 스타트업 지원
윤리		- AI 사회원칙의 확산 및 국제 협력 체계 확립

　이후 일본은 2020년 코로나19를 겪으며 국가적 회복력 강화의 필요성을 절감하고 강인한 국가로 성장하기 위한 AI 활용을 최우선 전략 목표로 추가했으며, 기존 전략의 이행계획 중 사회적 활용 부분을 보강하여 분야별(건강, 농업등) AI 활용방안을 제안하는 데서 나아가 사회 전반의 AI 활용을 촉진하는 생태계 조성을 위한 과제를 제안했다.

< 「AI 전략 2022」 추가 전략 목표 >

구분	주요 내용
전략 목표0	팬데믹과 재난으로부터 시민을 보호하기 위해 급박한 위기 대응을 돕는 기술 인프라 구축

4) 한국

한국은 2016년 8월 과학기술 혁신을 통한 국가발전 도모를 위해 대통령령으로 설치된 과학기술전략회의에서 AI를 비롯한 9대 국가전략 프로젝트[76] 추진계획을 발표하였으며, 최근에 AI 핵심기술 자립기반 확보와 AI 기술·산업 성장의 기반 조성을 목표로 하는 '지능정보사회 선도 AI 프로젝트'를 추진하기 시작하였다. 9개의 전략 프로젝트는 개별 부처에서 담당하며 AI, 가상·증강현실, 바이오 신약, 탄소자원화, 미세먼지는 미래부, 자율주행차, 경량소재는 산업부, 스마트시티는 국토부, 정밀의료는 보건복지부에서 담당하고 있다.

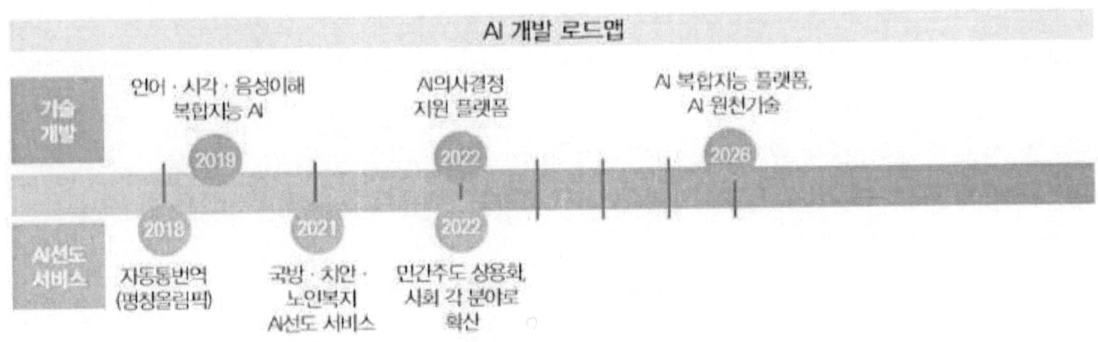

그림 100 AI 개발 로드맵

구분	내용
AI 공통 플랫폼	민간의 AI 제품·서비스 개발을 지원하기 위한 AI 요소기술(학습, 추론기술, 언어*시간인지 등)을 민관 협력으로 개발 및 제공
AI 선도서비스	공공분야(국방, 노인복지, 치안) 우선 적용으로 민간 AI 수요 창출
차세대 AI 기술	초기 단계의 국내 AI 기술력을 극복하여 세계적 기술 수준을 달성하기 위한 장기 원천기술 연구

표 32 지능정보사회 선도 AI 프로젝트 주요 내용

또한, 16년 12월 4차 산업혁명 및 지능정보기술로 인해 나타날 경제·사회의 혁신적 변화에 대응한 종합적인 국가전략으로서 「제4차 산업혁명에 대응한 지능정보사회 중장기 종합대책」을 발표했다.

---

76) (성장동력 확보분야) AI, 가상증강현실, 자율주행차, 경량소재, 스마트시티
(삶의질 제고 분야) 정밀의료, 탄소자원화, 미세먼지, 바이오 신약

그간 정부는 4차 산업혁명 및 AI 등장에 대한 각 부처의 대응력 제고를 위해 범부처 조직인 '지능 정보사회추진단(이하 추진단)'을 조직하는 등 AI 국가전략 수립을 위한 지속적 노력을 해오고 있었다.

특히, 추진단은 AI 개발에 관한 중장기적인 대책과 구체적인 실행계획 마련을 위해 전문가 및 국민 의견을 수렴하여 「제4차 산업혁명에 대응한 지능정보사회 중장기 종합대책」을 발표했고, 본 종합대책은 한 세대 이상의 미래를 조망하고 혁신적 변화에 대응하기 위해 글로벌 수준 기술 기반 확보, 전 산업 지능정보화 촉진, 사회 정책 개선 및 제도 정비 등 3개 정책방향 및 12개 전략과제로 구성되어 있다.

이후 2017년 1월 발표한 지능정보사회 중장기 종합대책에 따르면 AI 기술이 야기할 경제·사회 구조 대변혁을 위해 기술·산업뿐만 아니라 교육, 고용 등 전 사회 정책을 포괄한 대비책 마련이 시급하다고 판단했다. 이에 정부는 새로운 가치를 창출하고 경쟁력을 확보함과 동시에 인간 중심의 지능정보사회를 구현하기 위해 기술, 산업, 사회 측면에서 정책방향을 설정하고 12개의 전략과제를 도출했다.

지능정보사회 중장기 종합대책 정책과제

	기술측면	산업측면	사회측면
분야별 목표	글로벌 수준의 지능정보 기술 기반 확보	전 산업의 지능정보화 촉진	사회정책 개선을 통한 선제적 대응
정책 방향	• 경쟁 원천인 기술 · 데이터 기반 강화 • 데이터를 안전하게 연결하는 네트워크 확보	• 공공서비스의 마중물 역할수행 및 민간혁신 촉진 • 경제적 파급효과가 큰 의료,제조분야 중점 지원	• 공지능정보의 사회적 기반인 교육 · 고용 · 복지정책 개편 • 사이버 위협, 윤리 등 신규 이슈 대응 강화
전략 과제	• 미래 경쟁력 원천인 데이터 자원의 가치창출 • 지능정보기술 기반 확보 • 데이터 · 서비스 중심의 초연결 네트워크 환경 구축	• 공국가 근간서비스의 선제적인 지능정보기술 활용 • 지능정보산업 생태계 조성을 통한 민간 혁신 파트너 역할 수행 • 지능형 의료서비스를 통한 혁신적 가치창출 • 제조업의 디지털 혁신	• 지능정보사회 미래교육 혁신 • 자동화 및 고용형태 다변화에 적극적 대응 • 지능정보사회에 대응한 사회안전망 강화 • 인간과 기계 공존을 위한 법제도 정비 및 윤리정립 • 사이버위협 AI오작동 등 역기능 대응

그림 101 지능정보사회 중장기 종합대책 정책과제

2018년부터 우리나라 정부는 AI 기술 주도권 확보와 전문 인력 양성을 위해 AI에 대한 투자 및 육성계획들을 계속하여 발표했다. 전반적으로는 우리나라 AI기술 경쟁력이 부족한 상황이기 때문에 이에 대한 절대적 상대적 평가를 통하여 실증적 증거에 기반 한 선제적 대응 전략 마련이 필요한 상황이다.

〈표 1-2〉 국내 AI 관련 정책 동향

발표 시기	정책명	주요 내용
2018. 5	AI R&D 전략	AI 기술력 확보, AI 전문인력 확보, AI 기술 인프라 조성
2018. 8	혁신성장 전략투자 방향	3대 (데이터·AI·수소경제) 전략투자 및 혁신인재 양성
2019. 1	데이터·AI경제 활성화 계획	세계적 수준의 AI 혁신생태계 조성 및 데이터와 AI 간 융합 촉진
2019. 8	혁신성장 확산·가속화 전략	플랫폼(데이터·네트워크·AI)과 선도사업 중심 산업 전반의 혁신 가속화
2019. 12	인공지능 국가전략	AI 강국으로의 도약을 위한 비전과 실행과제 제시

자료: 최민철 외(2021) 인용.

2020년 8월에는 관계부처 합동으로 산업 전반에 AI 관련 기술 접목을 통한 산업 밸류 체인 혁신 및 고부가가치화를 목표로 하는 "디지털 기반산업 혁신성장 전략"이 발표되었다. 그 중 기술정책으로는 지능형 반도체, 스마트 센서, 임베디드, AI 로봇 등 핵심 기술개발에 대한 지원 강화가 포함되며, 인력정책으로는 제조업 디지털 전환을 선도할 업종 전문성과 AI 기술 활용 역량을 갖춘 Change Agent 양성이 있다.[77]

최근 과학기술정보통신부는 챗GPT로 촉발된 초거대 인공지능(AI) 경쟁에서 한국이 경쟁력을 가질 수 있는 방법은 'AI를 안전하게, 잘 활용하는 방법을 아는 것'이라고 분석했다. 그러면서 빠르게 일상화되고 있는 초거대 AI 관련 정책 과제의 발표소식과 함께 초거대 AI 발전 속도에 따라 문제되고 있는 신뢰성, 저작권 등에 대한 해결과제에 대하여 정부의 대응책이 마련 중이다.

---

77) KiET산업연구원(2022) 「국내 AI 기술 경쟁력 분석과 정책적 시사점 - AI 특허를 중심으로」

VI. 기업분석

6. 기업 분석

가. 국내 기업

1) NAVER Corporation

그림 103 네이버

　네이버는 대한민국의 인터넷 서비스 기업으로 1999년 설립되었다. 2000년 한게임커뮤니케이션, 원큐, 서치솔루션을 흡수합병하며 2002년 주식을 코스닥 시장에 상장하였다. 2013년 캠프모바일, 라인플러스를 신설하여 자회사로 편입하고, 일부 사업부문을 이괄 하였고 엔에이치엔 엔터테인먼트를 신설하는 등 성장을 거듭하여 2014년 기준 30개의 종속회사와 73개의 계열회사가 존재하며 미국, 일본, 중국, 베트남, 싱가포르, 타이완에 해외법인을 두고 있다.

　네이버는 인공지능을 활용하여 다양한 제품을 선보이고 있다. 네이버의 인공지능 제품을 살펴보자면 다음과 같다.

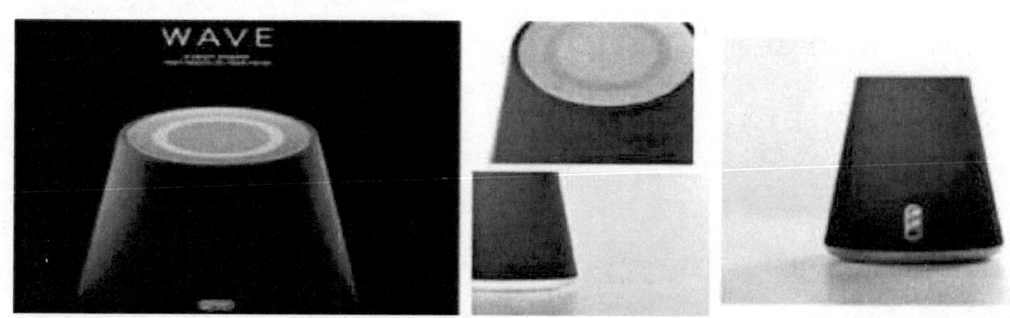

그림 104 네이버 스마트스피커 '웨비브'

① 인공지능 스피커 웨이브

　네이버는 최근 인공지능 스피커 '웨이브'의 국내 시장 출시를 앞두고 있다. 웨이브는 라인과 공동 개발한 AI 플랫폼 '클로바(Clova)'가 탑재된 첫 기기로, 일본에서 사전예약을 진행해 5일 만에 품절되는 등 큰 관심을 받았다.

하지만 최근 네이버 관계사 라인(LINE)이 일본 인공지능(AI) 스피커 사업에서는 결국 손을 떼기로 했다. 정보통신(IT)업계에선 일본 AI스피커 시장에서 사업 부진을 이어감에 따라 경쟁상대인 구글·아마존 등과 견줘 경쟁력이 없다고 판단해 이번에 단종을 결정하게 된 것이라고 분석했다. 다만 국내 사업은 그대로 유지한다.[78]

② 이미지 필터링 기술 네이버 '클로바 그린아이'

네이버는 2017년 '딥러닝'을 통해 부적절한 내용을 담은 이미지(음란물)를 필터링하는 인공지능 기술인 '네이버 X-eye'를 선보였다. 네이버는 검색 외에도 카페, 블로그, 지식iN 등 다양한 서비스에 '엑스아이'를 활용하며 음란물을 효과적으로 차단하고, 이용자들에게 더욱 안전한 서비스를 제공해왔다. 지난해 '엑스아이 2.0'으로 시스템을 업그레이드하며, 정상·음란·성인·선정으로 콘텐츠를 더욱 세분화해 분류하는 한편, '렉스넷(ReXNet)', '컷믹스(CutMix)', 'AdamP' 등 네이버의 다양한 이미지 인식 선행연구 결과를 적용해 정확도를 99.5%까지 개선했다.

그리고 최근 '엑스아이 2.0'을 '클로바 그린아이'로 리브랜딩하고, 네이버 클라우드 플랫폼을 통해 오픈 API 형태로 음란물 필터링 기술을 공개한다. '클로바 그린아이'를 통해 전송된 모든 이미지를 이미지 단위로 검사하고, 유해 콘텐츠 등급에 따라 검사 결과값(정상·음란·성인·선정)을 반환하는 방식이다.

네이버 클라우드 플랫폼 홈페이지에서 사용 신청할 수 있으며, 베타 서비스 단계에서는 신청 후 승인된 사용자에 한해 서비스를 제공하고 있다. 이번 '클로바 그린아이' 출시로, 기술 여력이 없는 스타트업 및 중소기업에서도 유해 콘텐츠 탐지를 손쉽게 자동화하고, 수작업 검수를 최소화해 실시간으로 안정적인 콘텐츠 서비스를 제공할 수 있을 것으로 기대된다.[79]

③ 통역 서비스

네이버클라우드 이현수 파파고 개발담당은 서울 코엑스 그랜드볼룸에서 개최한 개발자 컨퍼런스 '네이버데뷰(DEVIEW) 2023'에서 최근 추가한 네이버 번역기 파파고 기술을 소개했다. 이현수 개발담당은 딥러닝을 비롯한 AI 기술을 파파고 번역 기능에 접목해 더욱 자연스러운 번역 결과를 제공한다는 입장이다.

---

78) 매일경제 '네이버 라인, 결국 일본 AI스피커 사업서 손 뗀다'
79) 인공지능신문 '네이버, 인공지능 기반 실시간 음란물 필터링 기술 오픈 API로 개방… 클로바 그린아이 베타 출시'

파파고는 문자뿐 아니라 이미지에 적힌 텍스트를 추출해 번역할 수 있다. 사용자가 번역하고자 하는 부분을 카메라로 찍으면 문자인식, HTS, 번역, 배경생성(임페인팅), 문자 생성과정을 거쳐 결과를 내놓는다.[80)

④ 이미지 검색

최근 네이버 검색이 멀티모달 인공지능(AI)인 '옴니서치'를 활용한 신규 검색 서비스를 선보인다고 밝혔다. '멀티모달 문서검색'은 이미지, 텍스트 등 입력한 사용자의 검색 의도를 빠르게 분석한 결과를 토대로 매칭 적합도가 높은 문서를 분류하고, 이를 사용자 맞춤형 검색 결과로 제공하는 서비스다. 차세대 검색의 핵심 기술인 멀티모달 AI는 텍스트, 이미지, 음성 등 단일 수단으로 검색하는 기존 방식과 달리, 이미지와 텍스트를 함께 조합하는 식의 복합 정보로 사용자 맞춤형 검색 편의를 높이는 AI 모델이다.

또 검색 결과로 제공한 문서의 가시성을 높여주는 '스마트썸네일' 기술을 적용했다. 검색 대상 문서에 포함된 이미지 중 사용자 검색 의도에 가장 적합한 것을 추출해 대표 이미지로 노출, 사용자가 모든 문서를 확인하지 않고 썸네일만 참고해도 내용을 가늠할 수 있도록 편의성을 높인 것이다.

이러한 새로운 검색 서비스는 네이버 이미지 검색 서비스인 '스마트렌즈'와 연동해 구현한다. 네이버 이미지 검색 결과에서 이미지 하단의 '스마트렌즈' 아이콘을 클릭하거나 스마트렌즈로 운동화 이미지를 업로드 한 후 검색 결과 이미지 하단의 통합검색 결과보기를 클릭하는 식으로 이용 가능하다. 이후 멀티모달 문서검색 서비스를 통해 제공되는 '이미지로 찾은 리뷰&코디' 검색 결과를 확인하여 원하는 정보를 추가 탐색할 수 있다.[81)

---

80) ZDNETkorea '[데뷰23] 네이버 파파고, 딥러닝으로 가독성 개선했다'
81) Ai 타임스 '네이버, 이미지·텍스트 조합 멀티모달 검색 도입'

그림 105 운동화 제품군에 적용한 멀티모달 문서검색 결과

주요재무정보[82]	연간			
	2019.12	2020.12	2021.12	2022.12
매 출 액	43,562	53,041	68,176	82,201
영업이익	11,550	12,153	13,255	13,047
당기순이익	3,968	8,450	164,776	6,732
자산총계	122,995	170,142	336,910	338,990
부채총계	57,956	87,591	96,636	104,487
자본총계	65,039	82,551	240,274	234,503

표 33 네이버 재무제표(단위: 억 원)

2) 다음카카오

그림 106 다음카카오

다음은 대한민국의 포털사이트로 "한메일"(현재의 다음 메일)이라는 이름으로 1997년 대한민국 최초의 웹 메일서비스를 열었다. 이 밖에도 온라인 커뮤니티 서비스 'Daum 카페', 뉴스 서비스 '미디어다음', 커뮤니케이션 서비스 마이피플 등을 서비스하고 있다. 2014년 10월부터는 카카오톡을 운영하는 '카카오' 기업과 통합하여 다음카카오에서 통합 운영했었고, 다음카카오는 2015년 9월 카카오로 회사 명칭을 변경하였다.

카카오도 최근 활발하게 인공지능을 기반으로 하는 서비스와 기술을 개발하여 선보이고 있다.

① 카카오 아이(I)

업계에 따르면 카카오엔터프라이즈는 AI 개발 환경을 지원하는 머신러닝(기계학습) 운영 플랫폼 '카카오 아이(i) 머신러닝'을 내놨다. 카카오 i 머신러닝은 AI 모델 학습, 추론, 배포 등 프로세스 전반을 통합 관리할 수 있는 플랫폼이다.

통상 머신러닝 엔지니어는 AI 모델 개발 과정에서 데이터 수집 및 이해, 데이터 전처리, 모델 학습, 편향검증, 배포 등의 단계를 거친다. 이때 완성도 높은 AI 모델을 만들기 위해 모델 학습 과정에서 반복 작업이 필요하다. 카카오 i 머신러닝은 모델 학습 과정에서 반복을 줄여 업무 생산성을 높였다는 평가다. 효율적으로 연산 자원을 활용해 인프라 비용을 절감할 수 있다는 게 사측 설명이다.

카카오 i 머신러닝은 고성능컴퓨팅(HPC) 클러스터가 구축된 '그래픽처리장치(GPU) 팜'도 제공한다. 이를 통해 원하는 목적에 따라 엔비디아 같은 고성능 GPU 장비 등도 연동해 사용할 수 있다.83)

---

82) 네이버 금융
83) 파이낸셜뉴스 'AI 모델 학습 지원 플랫폼 카카오 아이 머신러닝 출시'

② 인공지능 스피커 카카오 미니

 카카오미니 AI스피커는 단순히 시키는 명령을 수행하는 것을 넘어 사람의 목소리를
구별하고, 목소리를 인증 수단으로 활용할 수 있는 기능이다. 향후 카카오미니를 금융
거래 및 상거래 수단으로 활용하기 위한 목적으로 2018년 10월 도입됐다.

 그동안 AI스피커는 대부분 음성을 단순히 인식하기만 할뿐 명령을 내리는 사람을 구
분하지 못한다는 단점이 있었다. 보이스프로필은 '화자 식별'을 통해 주문 결제 등 개
인맞춤형 서비스를 하기 위해 필수적인 기능이었다.

 하지만 최근 사람의 목소리를 구별해 명령을 수행하던 AI(인공지능)스피커 카카오미
니의 '보이스프로필' 기능이 3년 만에 없어진다. 카카오는 화자 인식 기술의 테스트가
충분히 끝났다는 판단 아래 내리는 조치라고 설명했다. 이어 서비스 종료에도 헤이카
카오 이용에는 큰 변화가 없어 사용자 불편은 없을 것으로 예상된다.[84]

그림 107 스마트스피커 카카오미니

③ 음성인식 솔루션 개발

 카카오는 최근 분사한 모빌리티를 중심으로 현대·기아자동차와의 음성인식 솔루션
공동 개발하고 있으며 상용화 계획을 발표했다. 이는 음성인식 기술을 기반으로 '서버
형 음성인식'을 개발하고 2017년 9월 출시된 제네시스 G70을 시작으로 현대차 서버
형 음성인식 '카카오i'의 적용을 확대해왔다. 카카오i는 제네시스 브랜드의 G80,
GV80, G90은 물론, 현대차, 아반떼, 소나타, 그랜저, 투싼, 산타페, 기아의 K5, K7,
K9, 셀토스, 쏘렌토 등을 비롯한 모델 대부분에 탑재됐다.[85]

---

84) 머니투데이 '내 목소리 알아듣던 '카카오미니' 기능 사라진다'
85) 뉴데일리경제 '현대차·기아, 카카오 화재에 불똥… 'AI 비서' 멈춰 이용자 불편'

하지만 최근 카카오 데이터센터 화재로 카카오 음성인식 기능이 먹통이 되면서 차량 소비자가 불편이 만만치 않았다. 이에 현대차그룹은 앞으로 있을 사고 등 만일의 사태에 대비해 백업 서버를 두는 방안을 검토하고 있다.

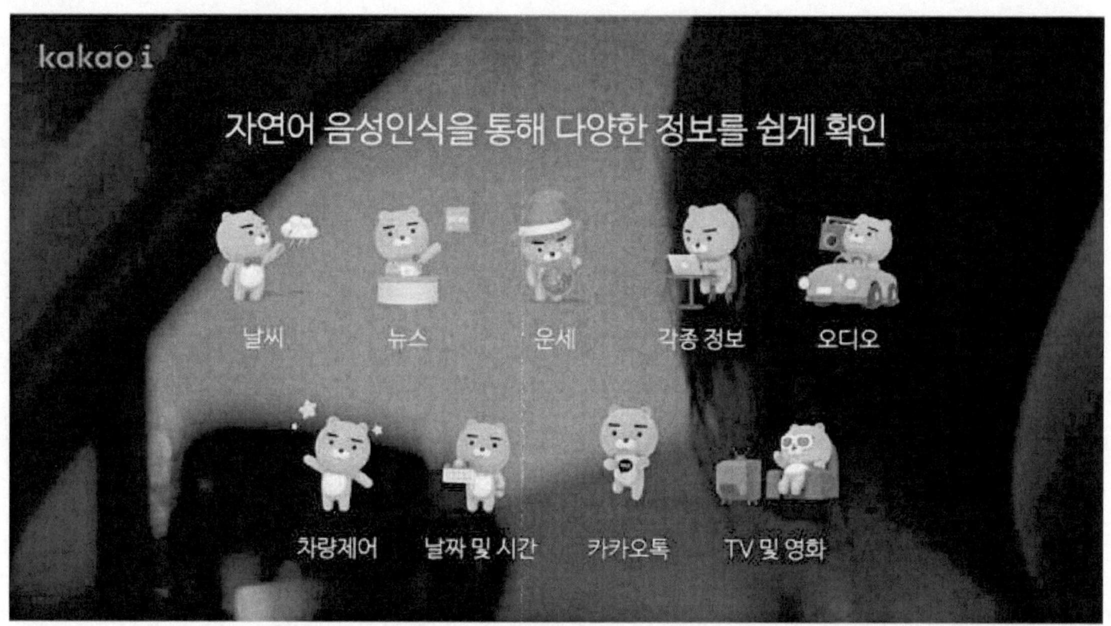

④ 뉴스추천 알고리즘 '루빅스'

카카오는 2015년 자사가 개발한 국내 최초 인공지능 뉴스 추천 알고리즘 '루빅스'(RUBICS·Real-time User Behavior Interactive Content recommender System)를 다음 모바일 뉴스에 적용했다. 루빅스는 이용자의 뉴스 소비 패턴에 따라 뉴스의 노출과 배열을 효율적으로 결정하는 시스템으로 루빅스의 데이터를 바탕으로 '열심히 읽은 기사'를 선별한 '꼼꼼히 본 뉴스'가 다음뉴스에 적용됐다.

⑤ 추천 플랫폼 토로스

카카오는 2017년 5월 인공지능 추천 플랫폼 '토로스(TOROS)'를 공개하고 맞춤형 추천 시스템을 강화했다. 루빅스가 뉴스와 콘텐츠를 추천하는 시스템이라면, 토로스는 2014년 다음tv팟 영상을 시작으로 브런치와 카카오페이지에 주로 적용되는 시스템이다.

주요재무정보[86]	연간			
	2019.12	2020.12	2021.12	2022.12
매 출 액	30,701	41,568	61,367	71,068
영업이익	2,068	4,559	5,949	5,803
당기순이익	-3,419	1,734	16,462	10,626
자산총계	87,373	119,540	227,796	229,635
부채총계	29,971	45,262	91,896	94,316
자본총계	57,401	74,277	135,900	135,319

표 34 다음 카카오 재무제표(단위: 억 원)

---

86) 네이버 금융

3) 셀바스

그림 109 셀바스 AI

셀바스 AI는 1999년 설립된 소프트웨어(SW) 솔루션 개발업체다. 셀바스의 주요 제품으로는 필기로 쓴 내용을 인식하여 인식 기능을 지원하는 다국어 컨텐츠 모바일 전자 사전 소프트웨어인 파워딕과 필기 인식 전문 소프트웨어인 디오펜 등이 있다. 셀바스는 특히 필기 인식 분야에서 국내에서 가장 높은 시장 점유율과 인지도를 확보하고 있다.

최근 셀바스AI는 위지윅스튜디오, 메라커와 'AI 기반 디지털트윈 공동개발·사업협력'에 관한 업무협약을 체결하여 AI기술을 활용한 디지털트윈(DW) 기술 공동개발과 신사업 발굴 부문에서 협력하기로 했다.

'AI 기반 디지털트윈'은 실재하는 배우, 가수, 예능인 등 아티스트와 인플루언서들을 기반으로 영상/음성을 학습해 개인이 가진 시공간의 물리적 한계를 뛰어넘는 효율성 제공을 목표로 개발된다. 언어기반의 AI가 디지털트윈의 '뇌' 역할을 하게하고, 뇌가 내리는 정보들을 수행하는 기관(얼굴/형태/목소리)을 3사 협력으로 아티스트와 가깝게 만들어 내겠다는 것이다.

셀바스AI는 AI 기반 음성합성(TTS), 음성인식(STT) 등 음성지능 솔루션과 융복합 기술을, 메라커는 AI 기반 영상촬영, 영상생성, 영상조작과 디퓨전 기반 영상생성 조작 알고리즘 등을 제공해 향상된 디지털트윈을 구현할 방침이다.[87]

---

87) IT BizNews '셀바스AI, AI 음성지능 기반 디지털트윈(DW)으로 영역 확대'

① **N-smart AI 빅데이터 센터**

셀바스AI와 나누리 병원의 설립협약을 통해 나누리병원에 설립된 'N-Smart AI 빅데이터 센터'는 병원이 보유한 의료 빅데이터에 셀바스 AI의 인공지능 기술을 융합해 척추 관절 질환 예측 및 관리에 최적화된 의료서비스를 선보였다. 뿐만 아니라 'N-Smart AI 빅데이터 센터'의 연구 결과는 스코르 글로벌 라이프가 보유한 보험 빅데이터와 연동해 맞춤형 보험개발에도 활용되었다.

② **셀비 체크업**

셀바스에서 개발한 '셀비 체크업'은 건강검진 정보를 활용해 미래 주요 질병 발생 확률을 예측하는 메디컬 전용 인공지능 솔루션이다. 셀비 체크업은 51만 명의 건강검진 데이터인 코호트 빅데이터를 기반으로 개발되었으며, 셀바스 AI의 순환신경망(RNN) 기반 딥러닝 기술을 적용한 시계열 데이터 특화 예측모델을 탑재시켜, 건강검진과 같이 반복적으로 발생하는 의료 빅데이터 특징에 최적화된 알고리즘을 담았다.

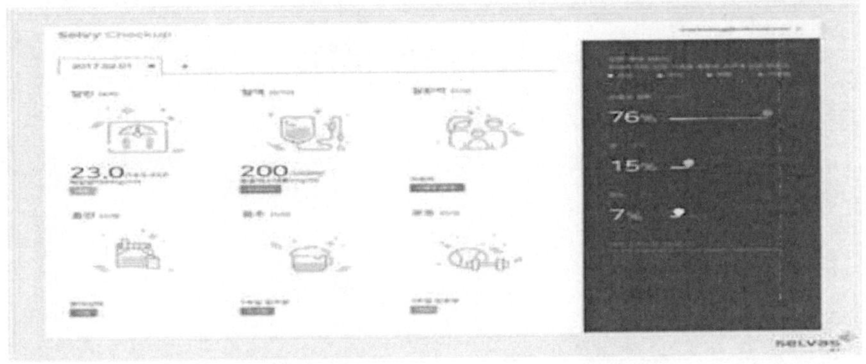

그림 110 셀비체크업 실행화면

(단위: 억 원)

주요재무정보[88]	연간			
	2019.12	2020.12	2021.12	2022.12
매 출 액	354	348	486	509
영업이익	-62	-15	56	50
당기순이익	-86	43	48	77
자산총계	941	915	984	1,066
부채총계	503	421	424	350
자본총계	438	495	560	715

표 35 셀바스AI 재무제표

---

88) 네이버 금융

4) 휴림로봇

그림 111 현) 휴림 로봇

휴림로봇은 1999년 설립된 회사로, 기계, 설비, 자동차 업종의 산업용 로봇, 모션 컨트롤러, 지능형 로봇 제조, 소프트웨어 개발 사업을 하는 기업이다. 휴림 로봇은 설립 이래 "로봇 융합시대를 선도하는 편리한 로봇 서비스 제공"이라는 슬로건을 달고 오로지 로봇사업에 매진하며 최상의 솔루션을 제공하기 위해 로봇과 관련된 사업들을 추진하고 있다.

휴림 로봇의 사업은 제조업용 로봇 분야와 서비스용 로봇 분야로 나눌 수 있다. 제조업용 로봇 분야는 산업현장에 적합한 소형핸들링로봇과 트랜스퍼로봇을 제공하고 있으며, 적극적인 R&D 및 인적 투자를 통해 사업을 전개해 나가고 있다.

서비스용 로봇 분야에서는 스마트서보와 소형 휴머노이드, 애완로봇 제니보 등의 상품화를 통하여 에듀테인먼트와 안내서비스로봇 비즈니스를 추진해 나가고 있다. 또한 핵심기술 확보, 혁신제품의 발굴, R&D 체계 구축과 같은 R&D 전략을 통해 국내 최초 감성형 애완로봇, 공공서비스 로봇 개발과 같은 성과를 내고 있다.

2022년 휴림로봇은 서울 코엑스에서 열리고 있는 국내 최대 정보통신기술(ICT) 전시회 '월드 IT쇼 2022(WIS 2022)'에 참여, 테트라(TETRA)-DSV 등 자체 개발한 인공지능 자율주행로봇을 선보였다. TETRA-DSV는 휴림로봇이 자체 개발한 다섯번째 물류 전문 로봇 모델이다. 라이다센서, 초음파센서, 3D 카메라, 인공지능(AI) 등 최첨단 기술이 융합·적용돼 물류창고 및 제품 생산공장과 같은 복잡한 환경에서 정밀 주행이 가능하다.[89]

해당로봇은 산자부 장관상을 수상하며 기술력을 인정받고, 무인 화재 진압, 물류 등 다양한 분야에 적용되고 있으며 지속적인 업그레이드를 통해 활용 분야를 넓혀나갈 계획이다.[90]

---

89) 전자신문 '[ET라씨로] 휴림로봇, AI 자율주행로봇 공개…오늘의 시간외거래 특징주'
90) PAX경제TV '휴림로봇, 자율주행로봇 '테트라-DSV', 산업통상지원부 장관상 수상'

그림 112 휴림로봇 '테트라(TETRA)-DSV'

주요재무정보[91]	연간			
	2019.12	2020.12	2021.12	2022.09
매 출 액	17,620	20,729	307	177
영업이익	−5,664	−8,369	−37	−22
당기순이익	−9,335	39,233	−392	36
자산총계	42,734	135,740	973	1,364
부채총계	14,379	62,046	251	376
자본총계	28,355	73,694	722	988

표 36 휴림로봇 재무제표

---

91) 네이버 금융

5) 유진로봇

그림 113 유진로봇

 유진로봇은 1988년에 설립한 대한민국 로봇기업이다. 30여 년간 축구, 사회적 상호
작용, 군사 작전, 안내, 진공 청소 로봇을 제작했다. 대표 제품으로 진공 청소 로봇
(아이클레보)과 SAS(스마트 자동화 시스템)가 있다. 미래 사업으로 AMS(자율 모바일
솔루션) 사업을 전개, B2B 및 글로벌 시장으로 진출하였다.

① 서비스 로봇
 서비스 로봇 분야에는 청소로봇 '아이클레보', 세계최초의 네트워크 유아교육용로봇
'아이로비 큐', 외국어교육용로봇 '로보샘', 위험작업 로봇과 실버케어 로봇, 연구용
로봇인 코부키, 재난구조로봇인 롭하즈가 있다.

② 자동화 설비
 자동화설비 분야는 EMS(Electro Mechanical Systems) 사업부라고도 하는데, EMS
사업부는 산업용 로봇 및 제반 자동화 기술을 응용하여 자동차 부품 생산설비 및 반
도체 부품 생산설비 등 다양한 산업분야의 자동화 설비를 제작하여 공급한다.

③ 지나월드
 지나월드는 유아를 겨냥한 제품들로, 뽀로로 요리조리 세트, 뽀로로 스마트 부스터,
지나 CONFO 트라이크, 로봇트레인 변신로봇 알프&케이 등이 있다.

④ 청소로봇
 유진로봇은 미국 시장을 겨냥하여 '확장된 청소영역을 갖는 로봇'이라는 로봇 주행
관련 특허를 받고 미국 로봇청소기 시장에 진출했다. 이 로봇은 모서리, 벽면, 가장자
리 등 좁은 지역도 청소할 수 있기 때문에 침대, 라디에이터, 카펫 등 요철과 구석진
곳이 많은 미국 가정에서 더욱 빛을 발할 수 있다.

⑤ 소셜 로봇

 유진 로봇의 사람 감정을 인식하여 대응하는 소셜 로봇은 산업통상자원부와 로봇산업진흥원이 주최하는 '2018 평창 올림픽 로봇 지원 사업'에 선정되었다. 또한 유진로봇은 캄텍과 28억 원 규모의 EWGA 라인 제작 계약을 체결하며 앞으로 큰 성장을 이룰 것이라 전망된다.

그림 114 유진로봇의 유아용
교육로봇

주요재무정보[92)	연간			
	2019.12	2020.12	2021.12	2022.12
매 출 액	269	246	276	496
영업이익	-103	-91	-64	36
당기순이익	-159	-106	-14	49
자산총계	706	767	531	612
부채총계	190	368	140	171
자본총계	515	399	391	441

표 37 유진로봇 재무제표

6) 에이디칩스

그림 115 에이디칩스

 에이디칩스는 2001년 코스닥에 상장된 벤처기업으로서 1996년 설립된 이래, 순수 자체 기술을 바탕으로 EISC MCU Core IP 라이센스 사업 및 컨슈머용과 산업용 SoC등을 전문적으로 개발, 공급하는 반도체 설계 전문회사이며, 반도체유통사업을 함 께 진행 중에 있다.

 주요 사업부문은 기존사업부문인 SoC사업부문, 반도체유통사업부문, 신규사업부문인 냉동냉장사업부문 3개 사업부문으로 구성되어 있으며, 매출구성비율은 연결기준으로 SOC사업부문은 40억(15%), 반도체유통사업부문은 100억(40%), 냉동냉장사업부문은 113억(45%) 로 구성되어 있다. SOC사업부문은 전기밥솥, 냉장고, 세탁기, 광파오븐 레인지, 골프GPS, 하이패스단말기 등에 적용되고 있고, 반도체유통사업부문은 휴대 폰, PC, 자동차 등에 적용되는 반도체를 유통한다. 냉동냉장사업부문은 업소용 냉동 냉장고 , 편의점 쇼케이스 등을 판매하고 있다.

 에이디칩스는 자율주행, 웨어러블 등 사물인터넷 두뇌역할을 하는 MCU 초경량 반도 체 2종('ARK주노-S0', 'ARK주노-S1')을 독자 개발했는데, 이 반도체는 사물인터넷 (IoT) 기기에 탑재될 수 있는 마이크로컨트롤러(MCU) 제품군에 내장된다.

 MCU는 경량 마이크로프로세서로 일명 '마이컴'이라고도 불리는데, 전자제품의 간단 한 기능 제어부터 스마트폰, 자동차, 웨어러블 등 IoT 기기의 두뇌 역할을 하고 있어 향후 4차 산업혁명이 일어나면 MCU 수요도 크게 늘어날 것으로 관측된다. 또한 MCU가 ARM 코어텍스M0, M0+, M3코어를 대체 할 만 한 경쟁력 있는 품목이 될 것 으로 전망되어 업계에서 큰 관심을 끌고 있다.

---

92) 네이버 금융

그림 116 에이디칩스의 MCU '에이디스타'

주요재무정보[93]	연간			
	2019.12	2020.12	2021.12	2022.9
매 출 액	177	202	251	68
영업이익	-27	-30	-45	13
당기순이익	-129	-82	-128	11
자산총계	428	456	537	882
부채총계	127	180	186	542
자본총계	300	276	351	340

표 38 에이디칩스 재무제표

---

93) 네이버 금융

7) 우리기술

그림 117 우리기술

1995년 창립된 우리기술은 원전제어시스템을 개발하였으며, 이를 바탕으로 플랜트분야에 필요한 제어시스템과 PLC에 기반을 둔 최적의 시스템통합솔루션을 제공하고 있는 기업이다. 또한 철도분야에서는 다양한 철도제어 시스템의 SIL4 인증을 획득하였으며, 시스템의 설치, 시운전, 유지보수, A/S 등의 폭넓은 서비스를 제공하고 있다.

우리기술은 2007년 KMC 로보틱스라는 지능형 로봇 개발업체의 주식을 70% 인수했다. KMC 로보틱스의 인수로 인해 우리기술은 메이힐(로봇 콘텐츠 및 S/W개발), KMC 로보틱스(로봇 플랫폼 및 H/W개발), 그린로보텍(상수도관 갱생과 같은 작업을 하는 특수로봇 개발) 각각이 위와 같은 분야를 담당하는 로봇사업 분야의 계열화를 완성해 로봇산업에 박차를 가하고 있다.

앞으로의 우리기술은 APR 1400에 적용된 운전제어시스템의 이상 반응에 대한 대응 능력을 제고하는 한편, 향후 원전 제어에 필요한 디지털 트윈 기술도 확보할 계획이다. 디지털 트윈은 모든 프로세스와 서비스, 인프라 등 물리적 자산과 환경을 가상·디지털 방식으로 재현해 컴퓨터로 시뮬레이션을 구현하고 그 결과를 미리 예측하는 기술이다.

2020년 12월 두산중공업(현 두산에너빌리티)과 한국형 원전에 적용되는 운전제어시스템의 디지털 트윈 개발 과제에 참여해 기술개발에 주력하고 있으며, 기술 개발은 오는 2024년 2월까지 고도화를 달성하는 것이 목표다.[94]

---

94) NEWSIS '우리기술, 한국형 원전 제어시스템 고도화 진행'
95) 네이버 금융

주요재무정보 [95]	연간			
	2019.12	2020.12	2021.12	2022.12
매 출 액	345	499	521	495
영업이익	-76	27	72	48
당기순이익	-98	-14	37	34
자산총계	1,043	1,183	1,481	1,620
부채총계	719	673	697	665
자본총계	324	510	784	955

표 39 우리기술투자 재무제표

그림 118 푸른기술

　푸른기술은 1997년 7월에 설립되었으며, 메카트로닉스와 인식기술을 보유하여 금융
자동화, 역무자동화 영역에서 탁월한 성과를 내고 있다. 푸른기술은 금융자동화기기와
승차권 자동발매기, 역무자동화기기 등을 주력사업으로 하고 있다.

그림 119 푸른기술의 주력사업

　푸른기술은 홍채인식 기술을 가진 회사들과 MOU를 체결해 해당 기술을 ATM 금융
모듈과 호환하고 인식해 금융 프로세스에 전달하는 사업을 진행하고 있다. 또한
CCTV등 입출입 보안 시장에도 적용될 수 있어 선제적인 대응에 나서고 있다.

　푸른기술은 홍채인식 기술에 대해 언제든지 주문제작하고 상용화할 수 있게 테스트
를 마쳤으며, 금융시장은 물론이고 삼성에스원과 출입통제시스템 관련 사업을 벌이고
있어 보안시장 전반에 걸친 연관이 홍채인식 접목 프로세스를 꾸준히 개발하고 있다.

몇 년 동안 푸른기술은 Computer Vision기술을 메카트로닉스 기술과 접목하여 Bill Acceptor, Bill Escrow Unit, OMR/OCR Reader, Check Processing Unit, Passbook Printer등의 핵심모듈을 자체 개발하고 있다.

또한 출입통제시스템과 로봇으로 사업영역을 확대하며 인공지능분야에서 지속적으로 성장하고 있는 기업이다. 푸른기술은 이세돌과 알파고의 지난대결에서 알파고가 승리하며 인공지능 관련주로 부각되어 많은 사람들의 관심을 받았다.

주요재무정보[96)	연간			
	2019.12	2020.12	2021.12	2022.12
매 출 액	231	232	308	341
영업이익	1	-1	1	10
당기순이익	6	10	16	2
자산총계	356	382	442	425
부채총계	70	86	112	99
자본총계	286	296	331	326

표 40 푸른기술 재무제표

---

96) 네이버 금융

9) 로보스타

그림 120 로보스타

로보스타는 본사가 경기 안산시에 위치한 산업용 로봇 제조 전문 기업으로, 과거 LG산전(현 LS산전)에서 산업용 로봇사업 담당 엔지니어들이 1999년 독립해 설립했다. 이후 2005년에 디스플레이용 로봇 시장에 진입하고 국내 패널 제조사는 물론 BOE, 차이나스타(CSOT) 등 중국 기업에 이송적재 로봇을 공급해 로봇 기업으로 이름을 알렸다.

로보스타는 세계 산업용 로봇 업계의 트렌드인 스마트 팩토리(Smart Factory)에 발맞춰 다양한 로봇을 개발하고 있으며 구난로봇(부상자 또는 위험물 이송 전문 로봇) 개발을 통해 서비스용 로봇 시장에서도 진출할 전망이다.

또한 로보스타는 LG전자에 인간의 팔과 가장 유사한 동작을 할 수 있는 '수직 다관절 로봇' 공급을 시작했으며 'LG 클로이'의 라인업 중 서브봇 등 일부의 위탁 생산도 담당하고 있다.

한편, 코로나19로 전방산업이 주춤하면서 로보스타가 적잖은 타격을 입었지만 최근 흑자전환에 성공하여 시장 상황이 개선되었다. 무인화, 스마트팩토리 수요가 늘면서 앞으로는 큰 폭의 실적 개선도 기대해볼 수 있을 것이다. 특히 로보스타는 2021년부터 로봇사업부, 연구소, 시스템 엔지니어링 사업부, 재경담당 등에서 대규모 인재를 영입한데 이어 앞으로도 적극적인 채용에 나설 계획이다.

그림 121 LG 클로이 가이드봇이 고객에게 호텔 로비에 전시된 예술작품을 해설하는 도슨트 역할을 수행하고 있는 모습

주요재무정보[97]	연간			
	2019.12	2020.12	2021.12	2022.12
매 출 액	1,706	1,302	1,390	1,391
영업이익	-61	-115	3	15
당기순이익	-47	-150	25	41
자산총계	1,654	1,394	1,222	1,348
부채총계	701	583	382	462
자본총계	953	810	839	886

표 41 로보스타 재무제표

---

97) 네이버 금융

나. 국외 기업
1) Google

그림 122 구글

구글은 미국의 다국적 기업으로 1998년 'BackRub'이라는 이름으로 설립되었다. 구글은 2006년 유튜브라는 세계 최대 동영상 공유 사이트를, 2007년 디지털 마케팅 회사인 더블클릭을 인수하며 세계적인 기업으로 성장해 미국 전체 인터넷 검색의 2/3, 전 세계 인터넷 검색의 70%를 장악했다.

구글은 2001년 이후 인공지능 관련 기업을 인수합병하며 인공지능 분야를 선도하였고, 더 나아가 2014년 영국의 인공지능 기업인 '딥마인드'를 인수하여 2015년 인공지능 바둑프로그램 알파고를 선보였다. 알파고는 발표 당시에는 프로 2~5단 수준이었으나, 프로 9단인 이세돌 기사에게서 4승 1패를 했고, 커제 기사에게서 3승 0패라는 결과를 얻어냈다.

또한, 2015년 구글은 오픈소스 기반의 인공신경망 알고리즘인 텐서플로우를 공개했다. 텐서플로우는 고양이 이미지 인식 및 스팸메일 필터링(99.9%) 학습에 적용될 뿐만 아니라 파이썬(Python), C/C++ 환경을 지원하고 범용성과 속도, 용이성과 확장성을 갖추었고 무료로 사용이 가능하며 프로젝트에 자유로이 참여해 수정할 수 있다.

알파고와 텐서플로우외에도 구글은 컴퓨터 비전 기술인 '인셉션', 신경망 기계번역 기술인 '구글 신경망 기계번역(GNMT)', 신경망기반 음성합성 엔진 '웨이브넷', 인공지능을 기반으로 한 검색시스템 '랭크브레인' 등 다양한 인공지능을 활용한 서비스를 제공하고 있다.

최근에는 워크스페이스(Workspace) 생산성 제품군에 챗GPT와 유사한 생성 AI를 통합하는 전면적인 업그레이드를 발표했다. 이에 따르면 생성 AI가 통합된 구글 워크스페이스는 '지메일'에서 이메일 초안 작성, '독스'에서 문서 작성 및 수정 지원, '스프레드시트'에서 수식 생성 자동 완성 및 수식 생성, 상황별 분류, '미트'에서 배경 생성 및 노트 캡처, '슬라이드'에서 텍스트, 이미지, 오디오 및 비디오 생성, '챗'에서 작업을 완료하기 위한 워크플로우 활성화 등의 기능을 제공한다. 공식 출시 일정은 미발표이다.

더불어 구글 클라우드는 개발자들을 지원하기 위해 여러 가지 생성 모델 AI 도구를 발표했다. 여기에는 회사의 관리형 기계 학습 플랫폼인 '버텍스 AI(Vertex AI)'를 지원하는 기능과 기업 사용자가 AI를 활용할 수 있게 하는 '생성 AI 앱 빌더(builder)'가 포함됐다.

버텍스 AI를 통해 기업은 구글의 기반 모델을 사용해 AI 애플리케이션을 구축하고 배포할 수 있다. 초기에는 텍스트 및 이미지 생성에 사용할 수 있으며, 추후에는 오디오 및 비디오로 확장할 계획인 것으로 알려졌다.98)

그림 123 데미스 하바비스 구글 딥마인드 공동 창업주겸 대표(출처=KAIST)

(단위: 억원)

---

98) Ai TIMES ' 구글, MS에 맞서 새로운 생성 AI 라인업 발표 '

주요재무정보	연간				
	2018.12	2019.12	2020.12	2021.12	2022.12
매 출 액	136,819	161,857	182,527	257,637	282,836
영업이익	27,524	34,231	41,224	78,714	74,842
당기순이익	30,736	34,343	40,269	76,033	59,972
자산총계	232,792	275,909	319,616	359,268	365,264
부채총계	55,164	74,467	97,072	107,633	109,120
자본총계	177,628	201,442	222,544	251,635	256,144

표 42 Google 재무제표 (단위 : 백만 달러)

2) META

메타 플랫폼스(Meta Platforms, Inc.)는 미국 캘리포니아주 멘로파크에 본사를 둔 미국 정보기술 대기업이다. 세계 5대 정보통신기술 기업인 빅테크 중 하나이며 2004년 페이스북(Facebook Inc.)으로 설립되어, 2021년 10월 28일 현재의 사명으로 변경되었다. 메타버스 육성을 신사업의 주요 목표로 본 것이 사명 변경의 주요인이다.[99)]

하지만 메타 최고경영자 마크 저커버그는 메타버스에 올인 하겠다며 페이스북에서 메타로 바꾼 지 1년 6개월 만에 인공지능을 투자 취우선 순위로 하겠다고 입장을 내놓았다. CNN을 비롯한 외신의 보도에 따르면 저커버그는 블로그에 "AI를 발전시키고 모든 제품에 AI를 도입하는 것이 최우선"이라는 글을 올렸다. 메타버스보다는 AI에 주력하겠다는 의지를 내비친 것이라는 분석이 뒤따랐다. 그는 다만 "메타버스를 구축하고 차세대 컴퓨팅 플랫폼을 형성해 미래의 사회적 연결을 정의하는 것이 핵심"이라며 여운을 남겼다.[100)]

이와 관련하여 최근의 메타는 생성 AI에 대한 연구를 지속, 2022년 9월에는 AI 비디오 생성기 '메이커비디오'를 공개했다. 신빙성 문제로 서비스를 사흘만에 종료하긴 했으나, 챗GPT와 같은 언어생성 AI '갤럭티카'를 내놓기도 했다.

또한 크리스 콕스 메타 최고제품책임자(CPO)는 생성 AI 기술을 인스타그램 앱에 적용, 이미지 필터로 사용하겠다고 밝혔다. 정확한 시기를 밝히지는 않았으나, 관련 매체들은 이미 개발이 어느 정도 마무리된 것으로 해석하고 있다.[101)]

---

99) 위키백과 '메타'
100) Ai타임스 '메타, '메타버스'에서 'AI'로 주력 방향 선회?'
101) Ai타임스 '메타, 인스타에 생성 AI 필터 적용한다'

주요재무정보	연간				
	2018.12	2019.12	2020.12	2021.12	2022.12
매 출 액	55,838	21,083	85,965	117,929	116,609
영업이익	24,913	23,986	32,671	46,753	28,944
당기순이익	22,112	18,485	29,146	39,370	23,200
자산총계	97,334	133,376	159,316	165,987	185,727
부채총계	13,207	32,322	31,026	41,108	60,014
자본총계	84,127	101,054	128,290	124,879	125,713

표 43 META 재무제표(단위: 백만 달러)

3) IBM

그림 125 IBM

 IBM은 컴퓨터 하드웨어, 소프트웨어 판매 및 기업 컨설팅과 서비스를 주요 사업으로 하는 다국적 기업으로, 미국 뉴욕 주 아먼크에 본사를 두고 있다. IBM은 DeepQA 프로젝트를 통해 자연어 형식으로 된 질문들에 답할 수 있는 인공지능 컴퓨터 시스템인 왓슨을 개발하였다.(왓슨이라는 이름은 창업자인 토머스 j.왓슨에서 따온 것이다.)

 IBM의 왓슨(Watson)은 자연언어처리, 정보수집, 지식재현, 사고, 기계학습 기술을 활용해 개방적인 질문에 응답할 수 있으며 이러한 능력을 바탕으로 퀴즈문제를 일상 언어 문장으로 받아들이고 자신의 인공지능을 바탕으로 고도의 지능적인 문제를 분석해 답을 찾아낸다. 왓슨은 이미 2011년 미국의 인기 퀴즈쇼 '제퍼디'에서 승리한 바가 있으며, IBM에 의하면 현재 왓슨은 12세 정도의 지능을 갖추고 있다고 한다.

 왓슨은 2016년 1초당 80조 번에 이르는 연산능력과 1초에 책 100만 권 분량의 빅데이터를 이해하고 분석할 수 있는 능력을 갖추었다. 2014년 IBM은 왓슨을 주력으로 삼아 새로운 서비스와 솔루션을 만들기 위해 1조 원을 투자한다고 발표했으며, 국내의 SK(주) C&C와 한국 IBM이 2016년 5월 왓슨의 한국어 버전을 출시하기 위한 AI 사업 협력 계약을 맺고 2017년 왓슨의 한국어 버전을 출시했다.

 IBM은 현재 의료 왓슨으로 상업화를 진행하고 있고, 존슨 앤 존슨(Johnson & Johnson), 뉴욕유전자센터(New York Genome Center), 베일러의과대학(Baylor College of Medicine) 등 헬스케어 관련 여러 기업 및 기관들과 제휴 중에 있다. 최근에는 Watson Discovery Advisor를 발표하며, 수백만 건의 과학논문 및 산업분야에 대한 조사와 분석을 통해 연구결과의 진전을 가속화하고 있다. 현재 왓슨은 한 종류만 존재하는 것이 아니라 의학, 법률, 금융, 유통 왓슨 등 여러 가지 버전이 개발돼 있다.

최근에는 IBM이 클라우드에 기반 모델(Foundational Model) 연구 개발을 지원하기 위한 AI 슈퍼컴퓨터 '벨라(Vela)'를 구축했다. 초거대 AI라 불리는 기반 모델은 광범 위한 데이터 세트로 훈련한다. 수십억 개 이상의 매개변수를 다룰 정도로 방대해 교 육을 위해서는 강력한 컴퓨팅 파워가 필요하다. IBM이 클라우드에 슈퍼컴퓨터 '벨라' 를 구축한 것도 이와 같은 맥락이다. 다양한 종류의 애플리케이션을 위한 개별 AI 모 델 교육에 활용하겠다는 계획이다.

탈리아 게르손 IBM 하이브리드 클라우드 인프라 연구 책임자는 "모든 기초 모델의 연구 및 개발은 벨라 시스템 및 IBM 클라우드의 해당 스택에서 실행된다."고 말했다. IBM은 기후 과학을 위한 기반 모델 구축을 지원하기 위해 NASA와 파트너십을 발표 했다. 또 생명과학을 위한 기반 모델이나 혁신적인 위협 탐지 기술을 위한 사이버 보 안용 기반 모델을 연구하는 등 다양한 기반 모델 포트폴리오를 구축하고 있지만 GPT-3과 같이 잘 알려진 일반 기반 모델과 직접 경쟁하지는 않을 계획이다.[102]

주요재무정보	연간			
	2019.12	2020.12	2021.12	2022.12
매 출 액	57,714	55,179	57,350	60,530
영업이익	8,550	3,860	5,991	2,372
당기순이익	9,431	5,590	5,743	1,639
자산총계	152,186	155,971	132,001	127,243
부채총계	131,202	135,244	113,005	105,222
자본총계	20,841	20,597	18,901	21,944

표 44 IBM 재무제표 (단위 : 백만 달러)

---

102) Ai타임스 'IBM, 클라우드에 초거대 AI 지원할 슈퍼컴퓨터 '벨라' 구축'

4) MicroSoft

그림 126 마이크로소프트

Microsoft는 세계 최대의 다국적 소프트웨어 및 하드웨어 기업으로 1975년 빌게이
츠와 폴앨런에 의하여 설립되었다. Microsoft는 다양한 컴퓨터 기기에 사용되는 소프
트웨어 및 하드웨어 제품들을 개발, 생산, 판매, 관리한다.

Microsoft는 이미 1991년 인공지능 관련 연구소를 설립하고 1997년 Hotmail에서
스팸 메일 필터링 기능에 머신 러닝 기술을 적용했다. 또한 2008년 이후 검색엔진인
빙(Bing)의 검색과 지도서비스에도 인공지능을 적용했으며 2014년에는 번역 서비스,
2015년에는 클라우드 기반의 머신 러닝 서비스인 Azure Machine Learing을 발표했
다. (같은 해 프로젝트 옥스퍼드를 개시하여 안면과 감정, 스피치 애플리케이션 프로
그램 인터페이스를 통해 사용자를 이해하는 기술을 선보이기도 하였다.)

Microsoft는 사물인터넷(IoT)과 AI 등 신기술을 활용한 제품과 서비스 개발을 강화
하기 위해 2016년 9월 과학자와 엔지니어 7500여 명으로 구성된 '마이크로소프트 AI
및 리서치 그룹(Microsoft AI and Research Group)'을 설립했다.

이후 2016년 12월 Microsoft는 인공지능 기업에 투자하기 위한 목적으로 같은 해
1월에 설립한 벤처 캐피탈 펀드에 인공지능 스타트업에 대한 신규 펀드를 개시했다.
투자 대상은 머신러닝과 보안, 빅데이터, 클라우드, SaaS 분야이며, 첫 후원 대상은
몬트리올에 소재한 인공지능 인큐베이터 기업 엘리먼트 AI(Element AI)였으며 이후
마이크로소프트 벤더는 인공지능을 이용해 정보 요약본을 생성하는 기업인 앙골로
(Angolo)와 머신러닝 알고리즘에 대한 자동화된 관리를 구현하는 반사이(Bonsai) 2개
의 인공지능 스타트업에 추가적으로 펀딩했다.

2017년 7월 Microsoft는 인공지능 분야의 난제 해결에 집중할 새로운 연구 및 인큐
베이션 허브인 '마이크로소프트연구소 AI(Microsoft Research AI)'를 신설한다고 발
표했으며 현재 Microsoft 리서치 센터는 기계에서 보고, 듣고, 이해하는 인지능력을
부여하기 위한 기술을 집중 연구하고 있다.

또한 2018년에는 시가 총액이 급상승하여 11월 기준으로 아마존닷컴을 제치고 애플에 이어 2위에 올랐다. 2018년 11월에는 드디어 장중 한때 Apple의 시가총액마저 넘으며 무려 20년 만에 전 세계 시가총액 1위라는 타이틀을 다시 거머쥐었다. Microsoft의 시가총액이 Apple을 넘은 것은 지난 2010년 Apple에 추월당한 이후로 처음이다.

그리고 최근 MS는 경기둔화를 이유로 최근 직원 1만여 명을 정리해고 하는 과정에서 인공지능 '윤리사회팀(ethics and society team)' 직원 전원을 내보냈다고 전해졌다. 이 팀은 최근 ChatGPT 개발사 Open AI의 기술을 MS 제품군에 통합하는 것과 관련한 위험성을 평가해온 것으로 알려졌다. 인공지능 경쟁 '속도전' 압박이 영향을 끼쳤다는 배경 분석이 나온다.

또한 외신보도가 입수한 정보에 따르면, 당시 존 몽고메리 부사장이 "오픈AI의 최신 모델을 매우 빠른 속도(very high speed)로 고객의 손에 넘겨야 한다는 최고경영자(CEO)와 최고기술책임자(CTO)의 압력이 매우(very, very high) 크다"고 말해, 윤리팀을 축소하는 회사 정책이 '인공지능 속도전'과 연관돼 있음을 시사했다.

한편, 정리해고가 진행 중이던 2023년 2월 MS는 '완전히 새로운 인공지능 기반 빙(Bing) 검색 엔진과 엣지(Edge) 브라우저'를 출시했다. 당시 사티아 나델라 엠에스 회장 겸 최고경영자는 "인공지능이 검색을 시작으로 모든 소프트웨어를 근본적으로 변화시킬 것"이라고 말했다.[103)104)]

주요재무정보	연간				
	2018.12	2019.12	2020.12	2021.12	2022.12
매 출 액	118,459	134,249	153,284	184,903	204,094
영업이익	38,884	49,323	60,155	78,628	82,815
당기순이익	33,541	44,323	51,310	71,185	67,449
자산총계	258,859	282,794	304,137	340,389	364,552
부채총계	166,731	172,685	173,901	180,379	181,416
자본총계	92,128	110,109	130,236	160,010	183,136

표 45 마이크로소프트 재무제표 (단위 : 백만 달러)

---

103) 네이버 Microsoft 나무위키
104) 한겨레 'MS '인공지능 윤리팀' 전원 해고, 왜?'

5) 바이두

그림 127 바이두

바이두는 중국 검색 시장의 시장점유율 78%를 갖고 있는 중국 최대 검색서비스 사업자로 이미지, 뉴스, 지도 등의 검색기능을 비롯해 검색 서비스내 커뮤니티 서비스를 제공하는 등 검색서비스를 기반으로 성장한 회사다. 현재 바이두는 전체 매출액의 약 99%를 온라인 마케팅 서비스로부터 수익을 거두고 있으며, 약 30만개가 넘는 제휴 사이트를 통해 마케팅과 광고 사업을 추진하고 있는 등 인터넷 광고시장에서 독점적 지위를 누리고 있다.

바이두는 인공지능 연구조직 규모가 가장 큰 편으로, 2017년 AI 기술플랫폼 그룹 (AIG)을 설립하였으며, 별도로 스마트 자율주행과 관련된 사업부를 보유하고 있다.

바이두는 음성인식, 클라우드 컴퓨팅, 스마트 센서 등 6대 인공지능 기술 분야에 대한 연구개발 및 투자를 진행하고 있다. 이를 위해 바이두는 2013년 딥러닝연구원을 설립하고, 2014년 인공지능 분야의 세계적인 석학인 앤드류 응(Andrew Ng, 2017년 퇴사)을 영입했으며, 미국 실리콘밸리에 인공지능 연구소를 운영하는 등 중국기업 가운데 가장 적극적으로 AI 기술 및 활용방안을 개발했다.

바이두는 슈퍼컴퓨팅과 딥러닝기술 개발을 위한 플랫폼인 바이두 브레인(Baidu Brain)과 바이두 머신러닝(BML), 패들패들(PaddlePaddle), 음성.이미지인식 플랫폼과 더불어 이를 활용한 개인비서 두미(Dumi), 자율주행 자동차, DuerOS 등 서비스를 제공하고 있다.

연구조직	팀명 및 인원 수 (명)
바이두 AI기술플랫폼 그룹(AIG)	NLP, KG, IDL, Speech, Big Data
바이두 연구원	딥러닝연구원 (81)
	실리콘밸리 AI Lab (300)
	빅데이터 Lab (50)
스마트자율주행 사업부	스마트 자율주행 사업부

표 46 바이두 산하 인공지능팀 현황

이외에도 바이두는 여러 인공지능 기업에 투자를 아끼지 않고 있다.

기업명	투자 금액	자금조달 단계	투자 시기
Zhihu	1억 5,100만 달러	투자	2021.1
Neolix	2,900만 달러	투자	2020.6
Hesai Technology	1억 7,300만 달러	투자	2020.3
Xnor.ai	.	인수	2020.1
WM Motor	15억 달러	투자	2019.12
Momenta	5억 달러	투자	2018
甘来	1억 달러 규모	B라운드	2017.11
声智科技(SoundAi)	1억 달러 규모	A라운드	2017.9
KITT.AI	1억 달러	인수합병	2017.7
xPerception	비공개	완전 매입	2017.4
Bi	2,700만 달러	B라운드	2017.2
레이븐테크(渡鸦科技)	1억 달러 수준	매입	2017.2

표 47 2017년 바이두가 투자한 인공지능 기업

주요재무정보	연간			
	2019.12	2020.12	2021.12	2022.12
매 출 액	107,413	107,074	124,493	123,675
영업이익	-3,394	12,040	10,518	15,911
당기순이익	1,980	22,384	10,226	7,559
자산총계	301,316	331,708	380,034	390,973
부채총계	137,717	150,012	156,082	153,168
자본총계	163,599	182,696	211,459	223,478

표 48 바이두 재무제표 (단위 : 백만 위안)

6) 텐센트

그림 128 텐센트

 텐센트는 PC용 인스턴트 메신저 서비스 QQ를 기반으로 2011년 모바일 메신저 위챗 (Wechat) 서비스를 제공하는 중국 최대 메신저 서비스 사업자다. 텐센트는 한국의 메신저 서비스인 카카오톡, 라인과 같이 자사 메신저 서비스 플랫폼을 기반으로 게임, 쇼핑, 송금서비스 등을 결합하여 다양한 부문으로 사업을 확장하였으며, 전체 매출의 81%가 VAS(온라인게임, 소셜 네트워크 서비스)로부터 수익을 창출하고 있다.

 텐센트는 모바일 메신저 플랫폼 기능 강화를 통해 모바일 부문의 수익을 강화하였다. 모바일 메신저 플랫폼 위챗의 월간 활성 이용자수는 10억 명으로 많은 수의 이용자가 사용하고 있다. 그리고 이를 기반으로 위챗 내 게임센터, 모바일 쇼핑, 모바일지불 결제 기능 등을 도입하여 많은 수의 모바일 이용자층을 유입시켰고, 이를 통해 모바일 부문의 수익을 증대시켰다.

 텐센트는 2022년 분기별 실적이 둔화하자 인력을 축소했고, 복지 혜택도 삭감했다. 발표에 따르면 2022년 말 기준 직원 수는 10만 8436명으로, 지난해 동기 대비 4335명 줄어들었다.

 최근 텐센트는 장기적 성장을 위해 인공지능(AI) 분야에 대한 투자를 확대한다는 계획이다. 류 총재는 "텐센트는 줄곧 AI 분야에 포진해 있었다."며 "AI 및 거대(언어)모델이 텐센트 모든 사업 성장의 '증폭기'가 될 것"이라고 설명했다. 또한 텐센트가 현재 챗GPT와 유사한 AI 도구 개발 계획을 진행 중이라면서 "중국어 처리 능력이 뛰어난 거대 모델 개발에서 빠른 진전을 거두고 있다"고 류 총재는 밝혔다. 그는 이어 "텐센트가 줄곧 AI 기술을 내부 업무에 응용해 전체 효율을 높여 왔다"며 "머지않은 미래에 거대 모델을 선보일 것"이라고 덧붙였다.

 한편 텐센트의 2022년 연구개발(R&D) 투자액은 614억 위안에 달했다. 2018년부터 현재까지의 R&D 투자액만 2056억 위안을 넘어섰다고 매체는 설명했다.[105]

---

105) 뉴스핌 '텐센트, 사상 첫 매출 감소...장기 성장 위해 AI 모델 개발 주력'

연구조직	팀명 및 인원 수 (명)
텐센트 AI Lab	텐센트 AI Lab (380)
텐센트 요투(优图)	텐센트 요투(优图) (45)
위챗	What Lab
	위챗 모델식별센터 (70~120)

표 49 텐센트 산하 인공지능팀 현황

기업명	투자 금액	자금조달 단계	투자 시기
Yitu Technology	1억 달러	전략투자	2018
Pony.ai	1억 1200만 달러	A라운드	2018
SenseTime	6억 달러	C라운드	2018
Uisee Technology	1억 5천만 달러	B펀딩라운드	2019
Megvii Technology	7억 5천만 달러	C펀딩라운드	2019
WeRide	3억 1천만 달러	B펀딩라운드	2020
Enflame Technology	2억 7,850만 달러	B펀딩라운드	2020
GJSROBOT(工匠社科技)	수천만 위안	A라운드	2017.11
유비테크(深圳优必选科技)	4,000만 달러	C라운드	2017.11
원더워크숍(奇幻工房)	4,100만 달러	C라운드	2017.10
VoxelCloud(体素科技)	1억 달러 규모	A+라운드	2017.9
레고(乐聚机器人)	5,000만 위안	A라운드	2017.6
雷鸟科技	4억 5,000만 위안	전략투자	2017.7
ObEN	500만 달러	전략투자	2017.7
云迹科技	수천만 달러	A라운드	2017.3

표 50 2017년 텐센트가 투자한 인공지능 기업

주요재무정보	연간			
	2019.12	2020.12	2021.12	2022.12
매 출 액	377,289	482,064	560,118	554,552
영업이익	167,533	221,532	271,620	105,379
당기순이익	93,310	159,847	224,822	188,243
자산총계	953,986	1,333,425	1,612,364	1,578,131
부채총계	521,280	629,441	806,065	795,271
자본총계	432,706	703,984	806,299	782,860

표 51 텐센트 재무제표 (단위: 백만 위안)

7) 알리바바

그림 129 알리바바

 알리바바는 중국내 최대 온라인 유통 사업자로 알리바바.Com(B2B, 1999)을 시작으로 타오바오(C2C, 2003), 티몰(B2C, 2007) 등 전자상거래 사업을 기반으로 성장한 회사다. 알리바바는 결제서비스, 배송추적 시스템 등과 같이 공급·판매·배송망까지 아우르는 다양한 서비스를 제공하는 등 E-Commerce를 기반으로 시너지를 낼 수 있는 관련 사업에 진출하여 온라인종합 유통그룹으로 성장하였고, 현재 전체 매출액의 약 90%를 국내외 전자상거래 사업으로부터 수익을 창출하고 있다.

 또한 알리바바 그룹은 인공지능(AI)을 통해 노인과 시각 장애인이 교통수단부터 온라인 쇼핑까지 이르는 일상적 서비스를 이용할 수 있도록 도우며 디지털 격차의 해소를 돕고 있다. 항저우에 본사를 둔 알리바바 그룹은 커다란 글꼴, 간소화된 탐색, 음성 지원 등의 옵션을 선보이며 자사의 플랫폼을 더욱 포괄적으로 만들고 있다. 알리바바 그룹의 연구 및 혁신 기관인 다모 아카데미도 도움이 필요한 이들을 위해 디지털 간극을 메우는 AI 기반 도구를 출시했다. 대표적인 인공지능 서비스는 다음과 같다.

- 점자 번역기

 다모 아카데미는 머신 러닝과 광학 문자 인식(OCR)을 결합하여 점자를 문자로 변환하는 기술을 이용한 실시간 점자 번역 기술을 시험 중이다. 스캐너와 같은 장치가 점자를 읽으면 시각적 입력을 이해할 수 있는 AI 기술인 컴퓨터 비전이 이를 점 패턴으로 만든다. 장치가 점들을 로마자로 번역하면 이후 자연어 처리를 통해 문자로 번역된다. 이는 복잡해 보일지 몰라도 다모 아카데미는 AI 프로세스를 약 1,2초대로 줄여 거의 동시 번역이 가능하도록 했다.

이 기술은 교사가 맹인학교의 숙제를 검토하는데 도움을 주고 있다. 중증 시각 장애인들은 손가락으로 점의 패턴을 감지하여 점자를 읽을 수 있지만 시력이 있는 사람들에게 이는 아무리 특수 교육을 받은 교사라도 시간이 많이 소요되는 작업이다.

2021년부터 이 기술을 도입한 저장시의 맹인 학교의 한 교사는 "보조 기술을 사용하면 학생들의 에세이를 훨씬 빠르게 검토할 수 있다"라고 전했다. 또한 이 장치는 점자로 작성된 그래프와 화학식 및 수학 방정식과 같은 특수 기호를 문자로 변환하는 것이 가능하다.

- 알츠하이머 감지
다모 아카데미는 알츠하이머병의 쉬운 초기 및 예비 검진 과정을 위해 지난 달 중국 알츠하이머병과 협력해 알리페이 미니 프로그램을 시작했다. 베이징 대학 제1병원 의사들의 도움을 받은 한 56세 베이징 거주민은 "초기 증상으로 고통받는 많은 노인들은 병원을 가거나 진료를 받으려 하지 않는다"라며 "미니 프로그램은 이들에게 편리할 것"이라 전했다.

미니 프로그램은 알리페이 앱 상에서 노인들에게 여러 인지 능력 시험과 시계 그리기 테스트에 답하도록 질문한다. 전체 과정은 약 10분이 소요되며 AI 기반 앱이 테스트 직후 음성과 글을 분석하는 멀티 모델 학습 알고리즘을 통해 1차 진단을 내린다. 이후 1차 진단은 의료 전문가에게 제출해 검토가 이뤄지며 7일 이내 최종 결과가 제공된다. 고 위험군으로 간주되는 사람들은 알리페이 앱에서 알림을 받고 추가적인 전문 의료 지원을 받도록 안내한다.

베이징 대학 제1병원의 수석 의사는 미니 프로그램이 AI를 통한 중국 최초의 알츠하이머 선별 프로그램이라고 전했다. 이 프로그램은 의료자원이 지속적으로 부족한 농촌과 낙후지역에 추가적인 지원을 제공한다. 그는 "이러한 지역에서는 의료 전문가를 찾기가 어렵다"고 말했다.

- 차량 호출 간소화
차량 호출 앱을 다루기 어려운 노인들을 돕기 위해 알리바바의 내비게이션 플랫폼 에이맵(Amap)은 작년 중국 고령화 개발 재단과 협력해 20개 도시에 2,500개 이상의 차량 호출 지점을 구축했다.

호출 지점은 일반적으로 아파트 입구와 버스 정류장 근처에 위치한다. '원클릭 차량 호출' 표시가 있는 정류장에서 확대된 QR 코드를 스캔하면 누르면 택시를 호출할 수 있는 파란색 버튼이 표시된 페이지로 넘어갈 수 있다.

에이맵의 부사장인 왕 구이신은 "전체 차량 호출 프로세스가 QR 코드의 스캔과 스마트폰 조작으로 간소화됐다."고 말했다. 노인들은 승차 장소나 목적지를 입력할 필요가 없다. 디지털 지도에 핀이 자동으로 나타난다. 목적지와 디지털 결제는 선택 사항이며 고령의 사용자는 현금 지불과 목적지를 직접 말할 수도 있다. 에이맵은 2021년 10월 5년 안에 중국 전역에 10,000개 이상의 차량 호출 지점을 건설할 이라 밝혔다.[106)]

최근에는 '챗GPT' 스타일의 AI 챗봇을 개발하고 있다. 기능을 자세히 설명하거나 출시 시기를 공유하지는 않았지만 2017년부터 생성 AI를 개발해 왔으며 내부 테스트 중이라고 밝혔다.

알리바바는 AI 챗봇를 어떻게 활용할 것인지에 대해서는 언급하지 않았다. 그러나 이 회사는 온라인 쇼핑의 강자이며 클라우드 컴퓨팅에서 금융에 이르기까지 수많은 다른 분야에 손을 대고 있다. 챗GPT에 대응하는 제품은 이러한 많은 분야에서 유용할 수 있으며, 알리바바가 AI를 기술 우위로 활용하는 바이두나 기타 중국 회사에 도전하는 데 도움이 될 수 있다.

알리바바의 초점은 대규모 언어 모델 및 생성 AI와 같은 프론티어 혁신이며, 중국의 기술 리더로서 최첨단 혁신을 고객과 최종 사용자를 위한 부가가치 애플리케이션으로 전환하는 데 계속해서 투자할 계획이다.[107)]

연구조직	팀명 및 인원 수 (명)
AI Lab	비공개
DAMO Academy	비공개
Alibaba Cloud Intelligence Research Institute	비공개
iDST(데이터과학 및 기술연구원)	비공개(150)

표 52 알리바바 산하 인공지능팀 현황

---

106) ALIBABA NEWS한국어 '알리바바, 인공 지능 통해 디지털 격차 해소'
107) Ai타임스 '알리바바, AI 챗봇 경쟁에 합류... '챗GPT' 스타일 챗봇 구축 중'

기업명	투자 금액	자금조달 단계	투자 시기
Megvii Technology	7억 5천만 달러	D펀딩라운드	2019
Yitu Technology	2억 달러	C라운드	2018
SenseTime	6억 달러	C라운드	2018
Cloudwalk Technology	3억 100만 달러	B펀딩라운드	2018
Xpeng Motors	4억 달러	C라운드	2018
Cambricon Technologies	3억 달러	C라운드	2018
SenseTime(商汤科技)	15억 위안	C라운드	2017.11
Magic Leaf	약 5억 달러	D라운드	2017.9
CamBricon(寒武纪)	1억 달러	A라운드	2017.8

표 53 2017년 알리바바가 투자한 인공지능 기업

주요재무정보	연간			
	2019.03	2020.03	2021.03	2022.3
매 출 액	376.844	509,711	717,289	853,062
영업이익	45,870	79,412	44,364	69,638
당기순이익	87,600	149,263	150,308	62,249
자산총계	965,076	1,312,985	1,690,218	1,695,553
부채총계	466,000	548,481	744,075	613,360
자본총계	499,076	764,504	946,143	948,479

표 54 알리바바 재무제표 (단위 : 백만 위안)

8) 스포티파이

그림 130 스포티파이

스포티파이는 2006년 설립된 회사로, 음악 스트리밍 서비스를 제공한다. 스포티파이는 2005년 다니엘 에크(Daniel Ek)가 스웨덴 스톡홀름에서 시작해 2008년 정식으로 서비스를 시작, 유럽지역에서 인기를 얻었고 이후 2011년 미국 시장에 진출하여 세계적인 음악스트리밍업체로 성장했다. 스포티파이는 최근 월간 활성 이용자수(MAU)는 2022년 4분기말 기준 4억8900만 명이며, 이중 유료 프리미엄 가입자가 2억500만 명에 달한다. 스포티파이의 매출은 프리미엄 가입자들의 구독료 매출(87.4%)과 무료 이용자들에게 노출되는 광고 관련 매출(12.6%)로 구성된다.

스포티파이는 2013년 새로운 음악을 찾게 도와주는 서비스를 제공하는 투니고를 인수하였고, 2014년에는 에코네스트를, 2016년 초에는 크라우드앨범과 프리액트 등 다양한 기업을 인수하여 더 넓은 플랫폼과 커뮤니티를 구축해왔다. 2017년 스포티파이는 인공지능을 이용해 개인 기호 및 친구로 등록된 사람의 의견을 모아 비디오 추천 서비스를 제공하는 마이티 TV를 인수했다. 스포티파이는 마이티TV 인수를 통하여 맞춤형 기능강화에 나선다고 전했다.

지난날 스포티파이는 'AI DJ'를 출시하기 위해 오픈AI의 '챗GPT'와 2022년에 인수한 소나틱의 음성합성 기술을 사용한 바 있다. 하지만 최근에는 사내 연구팀을 꾸려 별도 연구를 진행하기 시작했다. 이와관련 지아드 술탄 스포티파이 부사장은 "우리는 대규모 언어 모델(LLM)과 생성 음성, 개인화 전반에 걸친 대규모 연구팀을 보유하고 여러 가능성을 시험하고 있다"며 "AI 기술에 지속적으로 투자, 전문성을 개발할 것"이라고 말했다.

　이처럼 스포티파이가 AI 자체 개발에 적극 나선 것은 최근 출시한 AI DJ에 대한 호응 덕분으로 보인다. AI DJ는 아직 테스트 단계임에도 활용도가 25%나 됐고, 한번 사용해본 사람이 다음 날 다시 사용할 확률은 50%에 달했다. 이에 스포티아이측은 정식 출시하면 사용자가 더욱 늘어날 것으로 예측하고 있다.

　실제로 AI DJ는 스포티파이의 아침 팟캐스트 '더 겟 업'의 진행자인 자비에 저니건의 목소리를 기반으로 생성한 합성 음성으로, 이질감 없는 자연스러운 인간의 목소리로 SNS에서 호응이 줄을 이었다.

특히 스포티파이의 데이터와 전문가, AI 기술을 이용해 전문적인 해설을 전달할뿐더러 기존의 플레이리스트를 활용해 개인별 맞춤형 서비스를 제공한다는 것이 강점이다.[108]

주요재무정보	연간			
	2019.12	2020,12	2021.12	2022.12
매 출 액	6,764	7,880	9,668	11,727
영업이익	1,722	-293	94	-659
당기순이익	-186	-581	-34	-430
자산총계	5,122	6,326	7,170	7,636
부채총계	3,085	3,521	5,051	5,235
자본총계	2,037	2,805	2,119	2,401

표 55 스포티파이 재무제표 (단위 : 백만 유로)

---

108) Ai타임스 '스포티파이, 인공지능 자체 개발 착수'

9) 우버

그림 131 우버

우버는 스마트폰 기반 교통서비스를 제공하는 미국의 교통회사로 2009년 설립되었다. 우버는 고용되거나 공유된 차량의 운전기사와 승객을 모바일 앱을 통해 중계하는 서비스를 제공하고 있으며 현재 100개 이상의 도시에서 서비스 중이다.

우버는 2016년 인공지능 연구소를 설립했으며, 인공지능 스타트업인 '지오메트릭 인텔리전스'를 인수했다. 저명한 과학자들이 공동 설립한 이 스타트업은 '머신러닝의 경계를 재정의'한다는 목표를 가지고 현재 전 세계적으로 22,000명 이상의 직원을 보유하고 있으며 본사는 샌프란시스코에 있다. 회사는 COVID-19 팬데믹에 대응하여 직원들이 현지 보건 지침 및 개인 취향에 따라 원격 또는 사무실에서 일하는 하이브리드 근무하고 있다.

최근 자율주행자동차의 기술은 엄청난 발전을 이루고 있지만, 신뢰정이 높은 기술을 구현하기 위해서는 인공지능 등 기본적인 기술의 확보가 필요할 것으로 판단한 우버는 인공지능 연구소를 통해 향후 머신러닝 관련 연구에 집중, 성과물을 자율주행자동차에 적용하며 더 빠르고 안전하며 모두가 접근 가능한 서비스를 만들 계획이다.

그림 132 우버 사용예시

10) 세일즈포스닷컴

그림 133 세일즈포스

세일즈포스는 고객 관계 관리 솔루션을 중심으로 한 클라우드 컴퓨팅 서비스를 제공하는 기업으로 1999년 설립되었다. 세일즈포스는 미국 캘리포니아에 본사를 두고 잇으며 비즈니스 응용 프로그램 및 응용 프로그램 플랫폼을 인터넷을 통해 제공하고 있다.

2016년 4월 세일즈포스닷컴은 딥러닝 분야 인공지능 스타트업인 메타마인드(MetaMind)를 인수했다. 메타마인드는 자연어 질문에 대답할 수 있도록 단기 기억으로 동작하는 시스템을 개발한 바 있다. 이에 대해 세일즈포스닷컴의 리처드 소서 CEO는 "메타마인드와 세일즈포스닷컴을 함께 사용하면 고객 지원, 마케팅 자동화 및 기타 여러 비즈니스 프로세스를 자동화하고 개인화할 수 있는 획기적인 기능의 AI 솔루션을 고객에게 제공할 수 있게 될 것."이라고 블로그를 통해 밝혔다.

최근에는 기존 아인슈타인 프로그램에 '챗GPT'를 결합한 '아인슈타인 GPT'를 공개했다. 아인슈타인은 지난 2016년 출시한 프로그램이다. 세일즈포스는 오픈AI와 제휴해 여기에 챗GPT를 비롯한 오픈AI의 AI 기술을 통합, 신제품으로 내놓았다. 챗GPT와 결합한 '아인슈타인 GPT'는 기업용 메신저 '슬랙'에서 텍스트·이미지·코드 등을 자동으로 생성할 수 있도록 해준다.

특히 챗GPT의 부정확성 등 문제에 대비하기 위해 담당자가 답변을 확인하는 단계를 거치도록 했다. 또 개방형 인터넷에서 데이터를 수집하고 학습하는 오픈AI의 챗GPT와 달리 아인슈타인 GPT는 세일즈포스 클라우드의 데이터를 이용한다. '아인슈타인 GPT'는 아직 테스트용이며 2023년 하반기에 출시할 예정이다.

클라라 시아 세일즈포스 총괄매니저는 "아인슈타인 GPT를 사용하면 상담원이 고객의 이메일 문의에 빠르게 대응할 수 있을 뿐 아니라 메일 전송 전 내용을 편집할 수도 있다"고 말했다.

한편 세일즈포스는 생성 AI를 다른 클라우드 서비스에도 확대 적용할 예정이이며, 생성 AI 스타트업을 대상으로 2억5000만 달러(약 3300억원) 규모 펀드를 조성한다고 밝혔다.[109]

주요재무정보	연간					
	2018.01	2019.01	2020.01	2021.01	2022.01	2023.01
매 출 액	10,540	13,282	17,098	21,252	26,492	31,352
영업이익	454	535	297	455	548	1,030
당기순이익	360	1,110	126	4,072	1,444	208
자산총계	21,984	30,737	55,126	66,301	95,209	98,849
부채총계	11,608	15,132	21,241	24,808	37,078	40,490
자본총계	10,376	15,605	33,885	41,493	58,131	58,359

표 56 세일즈포스 재무제표 (단위 : 백만 달러)

---

109) Ai타임스 '세일즈포스, CRM용 생성 AI '아인슈타인' 출시'

VII. 인공지능 리스크

7. 인공지능 리스크

본 장에서는 인공지능의 리스크를 산업, 일자리, 경제적, 사회적, 문화적, 윤리적 측면에서 살펴보도록 하겠다.

가. 산업 측면

① 제조업
제조업에서는 향후 인공지능 적용을 통해 스마트 공장으로 생산 과정이 통제된다면 제조업 지능화가 이루어지면서 경제적인 파급효과가 클 것으로 예상된다. 하지만 제조업 경쟁력의 주요 요소가 인건비 절감이 아닌 지스템 지능화로 변화한다면 선진국으로의 제조업 회귀 현상이 가속화 될 수도 있다. 또한 인공지능 기반의 제조업은 과잉생산으로 인한 경제 불안정을 초래할 수 있으며, 중소기업보다는 대규모 투자 가능한 글로벌 기업의 지배력이 강화될 수도 있다.

② 서비스업
서비스업에서는 맞춤형 서비스의 난립과 다양한 지능형 서비스의 발전이 고도의 서비스 경쟁과 승자독식의 상황을 초래할 것으로 예상된다. 또한 우수한 인공지능 시스템을 보유한 특정기관이 시장에서 독점적인 위치를 차지하면서 시장 지배력을 남용할 수 있다.

나. 일자리 측면

옥스퍼드 대학은 최근 702개의 세부 직업 동향을 연구에 의해 향후 컴퓨터화로 인해 미국 일자리의 47%가 없어질 위험에 있다고 발표했다.(특히 운송업자, 사무직과 행정직, 노동 생산직종이 고위험군으로 발표되었다.) 또한 맥킨지는 최근 미국 내 직업 및 기술력 분석 조사 결과에 따라 조사 대상인 800개 직업 중 자동화로 인해 완벽하게 사람을 대체할 수 있는 직업은 5%에 불과하나 800개의 직업에서 주로 하는 2,000가지 작업을 분석하면 45%나 자동화가 가능하다고 분석했다.

BCG는 한국, 대만, 인도네시아에서 상대적으로 높은 임금 상승률 및 인구 고령화 등으로 인하여 로봇으로 인한 노동 대체율이 높을 것으로 전망하였다. 특히 한국은 세계평균보다 4배나 높은 노동 대체율을 보이고 있으며, 2025년이 되면 40%의 제조업의 노동력이 로봇에 의해 대체될 것으로 예측했다.

다. 경제적 측면

인공지능을 소유하고 있는 일부와 그렇지 못한 다수 사이의 소득 불평등이 극대화되는 슈퍼스타 시스템은 기업과 국가뿐만 아니라 개인에게도 영향을 미칠 수 있어 향후 인공지능 기술의 보급 불균형으로 인한 특정 계층에 대한 부의 집중화 현상이 심화될 수 있다. 또한 인공지능의 혜택(헬스케어, 교육 등) 자체도 부를 소유한 일부만 누리게 된다면, 사회적 형평성 문제도 초래할 수 있으며 반대로, 고가의 차별화된 '따뜻한' 면대면 서비스는 고가의 서비스료를 지불하는 사람에만 제공되고, 저가의 비용으로는 인공지능에 의한 '차가운' 서비스만 받을 수 있게 되는 서비스 양극화가 발생할 수도 있다.

최근 글로벌 인공지능 기업은 빅데이터 기술을 바탕으로 방대한 데이터를 흡수, 축적함으로써 잠재적 경쟁자에 대한 진입장벽을 구축하는 중이다. 이렇게 되면 데이터를 확보할 능력이 있는 기업과 그렇지 못한 기업 사이의 격차가 심화되면서 후발 주자의 시장진입이 사실상 어려워진다. 이처럼 대규모 투자가 가능한 기업이 인공지능 분야의 우위를 선점할 수 있기 때문에 산업분야별 양극화가 나타날 수 있다. 특히 우리나라는 언어적 장벽의 문제로 글로벌 플랫폼 경쟁력이 취약하여 데이터 확보 경쟁에서 낙오될 우려가 있다.

라. 사회적 측면

자율 주행 자동차 시스템을 해킹하여 자동차 탑승자에게 위해를 가하거나 컴퓨터를 해킹하여 정보를 유출 하는 등 사회적으로 인공지능 기술은 범죄에 악용될 소지가 있어, 큰 파급효과와 치명적인 손해를 초래할 수 있으며 설계 시 고려하지 못했던 조건에 대해 인공지능이 오작동을 일으켜 인명피해나 재산손실을 유발할 가능성이 있다. 인공지능 시스템의 복잡도가 커짐에 따라 오작동을 유발하는 요인 발견이 어렵고 이로 인해 파급효과가 확대될 수 있으며, '자율주행 자동차가 많은 사람이 탄 버스와 충돌했을 때 누구에게 처벌을 할 것인가'와 같이 극한 상황에서 인공지능이 임의로 판단하여 사고가 난 경우, 이에 대한 책임 소재가 불분명하다는 문제점도 있다.

또한 군사, 금융 등 높은 신뢰성이 요구되는 분야에서 부정확한 정보로 인한 오판은 큰 손실을 초래할 수 있다.

마. 문화적 측면

 인공지능을 이용한 창작 활동 및 응용 영역이 확대되며 음악 샘플링, 가사 샘플링, 명장의 비디오 분석, 유명 화가의 패턴 분석을 통해 인공지능이 유사 창작활동을 한다면 그 창작물의 가치(저작권 등)를 인정할 것인가의 문제가 발생할 수 있다.

바. 윤리적 측면

 인공지능이 윤리적 판단을 학습하는데 사용한 데이터들에 편향성이 반영되었다면 인공지능은 왜곡된 판단을 할 가능성이 높다. 이처럼 인공지능이 잘못된 판단이나 왜곡된 판단을 했을 때 책임의 소재 또한 문제가 된다. 더욱이 알고리즘 자체가 잘못된 경우, 알고리즘은 중립적이지만 인공지능의 판단 과정에서 문제가 발생한 경우와 같이 유형별로 책임 소지가 상이하기 때문에 책임의 소재 확인이 더욱 어렵다.

 또한 인공지능 기계와 사람이 협력하여 의사결정을 하는 경우, 결과에 대한 책임을 사람이 어느 정도까지 질지 한계를 설정해야 하는 문제와 인공지능형 기기에게 기존의 기계와 달리 어느 정도의 권한을 부여할 것인지의 문제도 있다.

 나아가 인공지능에 의해 수집·분석·공유되는 막대한 정보로 인해 개인 정보와 사생활 침해 위험이 증가할 수 있다. 정형 및 비정형정보가 실시간으로 수집되어 사적인 영역에서 일어나는 모든 사건을 무제한적으로 기록될 수 있으며 정보를 생산하는 주체가 자신의 개인정보가 수집되고 있는지 그것이 자신의 이익에 반하여 사용되는지 알 수 없는 경우가 발생할 수 있다.

 마지막으로 인공지능에 의해 인명의 살상을 결정·실행할 수 있는 자율살상무기가 등장하여 치명적인 결과를 초래할 수 있다. 현재 국제 NGO는 자율무기 시스템이 전장에 배치되면 인명 살상의 부담이 적어져 더 많은 사람들이 죽게 되고, 그에 대한 책임 소재가 불분명하다는 문제를 제기하고 있다. UN인권이사회에서는 관련 국제규범 형성 전까지 LAWS의 실험, 생산, 획득, 기술이전 자체를 요청하는 모라토리움을 권고하였고 UN 특정재래식무기금지협약(CCW)을 통해 자율살상무기 규제방안에 대한 논의를 진행 중이다.

Ⅷ. 결론

8. 결론

- 인공 지능은 주로 머신러닝(기계 학습) 기법을 이용하여 구현된다. 따라서 데이터의 양이 많을수록 정확한 예측이 가능하기 때문에 최근 '빅데이터'가 함께 대두되고 있다. 과거 기계의 성능과 용량의 부족으로 인공지능 분야는 긴 침체기를 맞이하기도 했지만 이후 기계의 성능이 향상되며 음성 인식, 영상 처리, 게임 등 다양한 분야에서 큰 성공을 거두었으며 더 나아가 2006년 인지심리학자이자 컴퓨터 과학자인 제프리 힌튼(Geoffrey Hinton) 교수에 의하여 딥러닝이 등장한 이후로 '알파고'와 같이 인간을 뛰어넘는 수준의 인공지능이 등장하기도 하였다.

- 전 세계적으로 인공지능에 대한 관심이 높아지면서 인공지능관련 시장은 급속도로 성장하고 있는 추세이다. 전 세계 인공지능(AI) 시장 규모가 2027년에는 현재보다 4.6배 이상 커질 것이라는 예측이 등장했다. 글로벌 시장조사 업체인 마켓앤마켓은 보고서를 통해 AI 시장 규모가 2022년부터 2027년까지 연평균 36.2%의 성장률을 기록, 869억 달러(약 120조4000억 원)에서 4070억 달러(약 563조9000억 원)로 커질 것이라고 예측했다.

 업종별로는 의료 및 생명 과학 부문이 가장 높은 성장세를 기록할 것으로 봤다. 많은 양의 영상 데이터를 학습하고 이를 바탕으로 영상을 분석, 의사의 진단을 보조하는 의료 AI는 현재 가장 빠르게 성장하는 분야 중 하나다. 기술별로는 '컴퓨터 비전' 관련 시장의 비중이 가장 클 것으로 내다봤다. 컴퓨터 비전은 의료 AI의 영상 분석과 같이 단일 이미지 또는 영상 등에서 유용한 정보를 자동으로 추출, 분석해주는 기술이다. 이는 의료 분야를 넘어 농작물이나 가축을 모니터하고 질병을 감지해 생산성을 높일 뿐더러 제조 과정 중 발생하는 불량품을 골라내는 등 인력과 비용을 크게 줄이는 데 기여한다.[110]

- 국내 인공지능(AI) 소프트웨어(SW) 시장이 세계 시장에 비해 낮은 성장률을 나타내고 있다는 연구결과가 발표됐다. IDC 자료를 인용해 세계 AI SW시장의 경우 2020년부터 2025년까지 연평균 29.39%의 성장률이 예상되지만 국내 AI SW 시장은 2021년부터 향후 5년간 연평균 11.1%로 성장해 2026년에는 약 2조7백억 원 규모에 이를 것으로 전망했다. 국내 시장이 세계 시장에 비해 낮은 성장률을 보이는 것은 기업 맞춤형 AI SW 개발에 대한 요구와 자체 개발에 대한 높은 수요 등이 요인이 될 수 있다. 앞으로 국내 AI 시장의 생태계 확대를 위해서는 기업의 경쟁력 강화를 통한 해외 시장 진출 등이 이뤄져야 할 것으로 보인다.[111]

---

110) Ai타임스 '세계 AI 시장 규모, 2027년 563조로 4.6배 성장'
111) 산업일보 '국내 AI 소프트웨어시장, 세계시장에 비해 성장률 낮아'

- 최근 중국, 일본, 미국도 4차 산업혁명을 대비하기 위한 차세대 기술로 인공지능을 중요하게 생각하고 있으며, 이를 위해 다양한 정책을 세우고, 인력 양성을 위한 노력을 기울이고 있다.

- 인공지능은 출산율 저하와 고령화에 따른 생산가능 인구의 감소문제를 해결하는 대책으로 주목받고 있다. 일각에서는 인공지능으로 인한 일자리 감소와 같은 문제, 즉 인공지능의 리스크에 대해 심각하게 고민하고 있지만 새로운 일자리 창출을 위한 국가차원의 교육과 고용구조의 변화를 통해 이를 해결 할 수 있다.

- 이렇듯 모든 것의 해결책인 듯 보이는 인공지능도 사실은 많은 문제점을 가지고 있으며, 혹자들은 이러한 상황에 대해 경고하기도 한다. 최근 심심치 않게 언론을 통해 접할 수 있는 인공지능을 탑재한 자율주행차의 사고를 보더라도 이는 무시할 수 없음을 알 수 있다. MIT 테크놀로지 리뷰는 최근 'AI가 누군가를 죽였을 때 책임질 사람은?'이라는 글에서 자율주행 자동차가 교통사고를 일으켜 누군가가 사망했을 때의 법 적용 문제를 제기하기도 했다.

- 인공지능을 포함한 모든 컴퓨터 프로그램이 가지고 있는 문제점 중의 하나인 해킹도 역시 인공지능의 큰 문제점으로 대두되고 있다. 캠브리지와 옥스퍼드, 예일대학의 기술 및 공공 정책 분야 연구원 25명이 발표한 98페이지 분량의 보고서에 따르면, 인공지능이 빠른 속도로 발전하면서 가까운 장래에 악의적인 의도를 가진 사용자가 자동화 된 해킹 공격에 나설 가능성 또한 존재한다.

IX. 참고자료

9. 참고자료

1) 조영임, 홍릉과학 출판사, 2012
2) ECOsight, ETRI, 2015
3) NIA한국지능정보사회진흥원(2022) 「현대 인공지능의 역사적 사건 및 산업·사회 변화분석」
4) 중국 인공지능산업 G2로 부상, Kotra, 2017.12.01
5) NIA한국정보화진흥원(2019) 「글로벌 인공지능AI 특허동향과 시사점」
6) 연합뉴스 'AI 영역 넓히는 구글…20개국 홍수경보에 1천개 언어 지원까지'
7) https://gillapp.tistory.com/11
8) Microsoft홈페이지 '마이크로소프트, 현실이 된 메타버스·AI·초연결 기술 대거 공개'
9) 주간동아 '메타, 라마(LLaMA)로 AI 개발 경쟁 가세'
10) 이데일리 '아마존도 AI 기술개발에 속도…허깅페이스와 협업'
11) Tech42 '애플, 인공지능 개발 재검토 한다'
12) 한경IT·과학 '실리가 우선…AI 특허 챙기는 일본 기업들'
13) 서울대학공과대학 해동일본기술정보센터 '도시바, 인프라 점검 AI 기술 개발—여러 장의
정상 이미지에서 이상 검출'
14) 전자신문 '[ET 뉴스픽!]소니 개발 AI, 레이싱 게임서도 인간에 완승'
15) 한겨레 '일본 혼다 운전자 몸 상태 AI로 감지해 사고 예방'
16) AI라이프경제 '[인간과 인공지능] AI 채용 글로벌 확산… 소프트뱅크 신입사원 AI 채용,
인간면접과 비슷한 결과'
17) FASHIONPOST '300년 존속 기술 없다 소프트뱅크 AI 군(群)전략'
18) Kotra해외시장뉴스 '중국 인공지능산업의 현주소는'
19) 매일일보 '[신간] '스마트 경제: 바이두, 인공지능이 이끄는 미래를 말하다''
20) 매일경제 '中펑안, 디지털 플랫폼 11개 개발…6억 고객 거느린 공룡 됐다'
21) Ai타임스 '중국 AI 언어모델, 인간보다 중국어 더 잘해'
22) 전북일보 '초거대 인공지능 특허출원 10년새 319배…전북은 0건'
23) 삼성홈페이지 '삼성전자 반도체, 차세대 AI를 위한 첨단 메모리 기술 공개'
24) HelloDD. 'ETRI, 대화형 AI 기술 개발…24개 언어 이해한다.'
25) ETRI(2021) 「디지털 개인비서 동향과 미래」
26) 세정일보 '[세미콜론] 챗GPT와 국세청의 AI 세금비서'
27) 연구개발특구진흥재단(2021) 「대화형 인공지능AI 시장」
28) Ai타임스 '법률 서비스 진입장벽, AI로 낮춘다'
29) 훤히 보이는 스마트TV, 2012. 12. 31., 한국전자통신연구원(ETRI), 전자신문사
30) 도지마와코, 조성구 옮김, 『로봇시대』, 사이언스북스, 2001, 34쪽.
31) 도지마와코, 조성구 옮김, 『로봇시대』, 사이언스북스, 2001, 204쪽.
32) 네이버 나무위키 - 로보어드바이저
33) 디지털콘텐츠기업 성장지원센터 '불법복제품, 이제 인공지능(AI)으로 잡아낸다!'
34) 서울문화재단 '인공지능의 문화예술 창작 사례 인공지능, 너도 예술가니?'
35) 주간경향 '[특별기고]AI가 예술가를 대체? 예술가의 도구 될 수도'
36) 동아사이언스 '기상청 인간 예보관 보좌할 AI예보관 개발 중…90% 정확도 목표'
37) MES(Manufacturing Execution System Shop Floor)환경의 실시간 모니터링, 제어, 물

류 및 작업내역 추적 관리, 상태파악, 불량관리 등에 초점을 맞춘 현장 시스템(출저 : naver 지식백과)

38) 4M이란 제조과정에서 공정의 변동을 줄 수 있는 4가지 요소. Man(작업자), Machine(기계설비), Material(재료), Method(작업방식).

39) 2014 빅데이터 지식처리 인공지능 기술동향

40) AiTimes '세계 AI 시장 규모, 2027년 563조로 4.6배 성장'

41) TECHWORLD '한국IDC, 2021년 전 세계 AI 솔루션에 3418억 달러 지출 전망'

42) 출저 : Tractica(2015)자료 참조하여 비피기술거래 추정치 적용

43) 한국수출입은행 해외경제연구소(2021) 「인공지능산업 현황 및 주요국 육성 정책」

44) 출처: iResearch, 2020

45) 연합뉴스 '중국의 AI 굴기…2025년 산업 규모 77조원까지 커진다'

46) 한국일보 '중국에 투자하지마... 미국이 AI·양자 기술을 콕 집은 이유'

47) 출처: 바이두-산업연구원

48) 출처: 바이두

49) 출처: 왕이커지

50) 출처: 개인도서관

51) 출처: EY Institute

52) Statista '2021년 일본의 인공 지능(AI) 시스템에 대한 최종 사용자 지출(2022년 및 2026년 예측)'

53) SPHERICAL insights 'Japan Artificial Intelligence (AI) in Healthcare Market'

54) 출처: 후생노동성

55) 한국보건산업진흥원(2022) 「일본, D2D원격의료 대응 현황」

56) IDC '한국IDC, 국내 인공지능(AI) 시장 연평균 성장률 15.1% 증가하며 2025년까지 1조 9,074억 원 규모 전망'

57) 이뉴스투데이 '빠르게 진화하는 세계 AI 시장…갈길 먼 한국 기업'

58) 자료 : 현대경제연구원(언론보도 종합)

59) 생글생글792호 '[숫자로 읽는 세상] 1만여명 감원한 구글·MS…돈되는 생성 AI엔 투자 쏟아붓는다'

60) SBS Biz '챗GPT 개발사 가치 38조원…이용자 1억 명 돌파'

61) Ai타임스 '대화형 인공지능 글로벌 시장, 2030년 42조원 규모로 성장'

62) 최윤섭의 헬스케어 이노베이션 '2022년의 디지털 헬스케어 벤처 펀딩 트렌드'

63) CBinsights/Mitratech

64) 매일경제 '테크기업 변신하는 로펌 … AI가 법적리스크 찾고 소송전략 세워'

65) kbvresearch 'Artificial Intelligence (AI) Robots Market Size, Forecast by 2027'

66) 산업일보 '중국의 지능형 로봇시장…2025년이면 1천억 위안 돌파 전망'

67) 데일리안 '[D:로그인] 로봇과 함께 더 나은 세상을 만들어 갑니다 한국로봇산업진흥원'

68) 아시아경제 '[투자도 AI시대]①커지는 로보어드바이저 시장…소비자도 더 똑똑해져야'

69) 이뉴스투데이 '투자도 AI가 하는 시대...로보어드바이저 각광'

70) 자료 : 유진투자증권

71) 국내외 AI 정책 방향과 시사점, 공영일, 소프트웨어정책연구소 (2017.02.28.)

72) NIA한국지능정보사회진흥원(2022.8) 「주요국가AI전략분석-미국,영국,독일,싱가포르,캐나다를

중심으로」

73) NIA한국지능정보사회진흥원(2022.12)「주요국 인공지능(AI) 전략 분석(하)-중국, EU 및 회원국, 호주 일본, 인도를 중심으로」

74) 일본의 인공지능(AI) 정책 동향과 실행전략, 정보통신기술진흥센터

75) 출처: 일본의 인공지능(AI) 정책 동향과 실행전략, 정보통신기술진흥센터

76) (성장동력 확보분야) AI, 가상증강현실, 자율주행차, 경량소재, 스마트시티
(삶의질 제고 분야) 정밀의료, 탄소자원화, 미세먼지, 바이오 신약

77) KiET산업연구원(2022)「국내 AI 기술 경쟁력 분석과 정책적 시사점 - AI 특허를 중심으로」

78) 매일경제 '네이버 라인, 결국 일본 AI스피커 사업서 손 뗀다'

79) 인공지능신문 '네이버, 인공지능 기반 실시간 음란물 필터링 기술 오픈 API로 개방... 클로바 그린아이 베타 출시'

80) ZDNETkorea '[데뷰23] 네이버 파파고, 딥러닝으로 가독성 개선했다'

81) Ai 타임스 '네이버, 이미지·텍스트 조합 멀티모달 검색 도입'

82) 네이버 금융

83) 파이낸셜뉴스 'AI 모델 학습 지원 플랫폼 카카오 아이 머신러닝 출시'

84) 머니투데이 '내 목소리 알아듣던 '카카오미니' 기능 사라진다'

85) 뉴데일리경제 '현대차·기아, 카카오 화재에 불똥… 'AI 비서' 멈춰 이용자 불편'

86) 네이버 금융

87) IT BizNews '셀바스AI, AI 음성지능 기반 디지털트윈(DW)으로 영역 확대'

88) 네이버 금융

89) 전자신문 [ET라씨로] 휴림로봇, AI 자율주행로봇 공개...오늘의 시간외거래 특징주'

90) PAX경제TV '휴림로봇, 자율주행로봇 '테트라-DSV', 산업통상자원부 장관상 수상'

91) 네이버 금융

92) 네이버 금융

93) 네이버 금융

94) NEWSIS '우리기술, 한국형 원전 제어시스템 고도화 진행'

95) 네이버 금융

96) 네이버 금융

97) 네이버 금융

98) Ai TIMES ' 구글, MS에 맞서 새로운 생성 AI 라인업 발표 '

99) 위키백과 '메타'

100) Ai타임스 '메타, '메타버스'에서 'AI'로 주력 방향 선회?'

101) Ai타임스 '메타, 인스타에 생성 AI 필터 적용한다'

102) Ai타임스 'IBM, 클라우드에 초거대 AI 지원할 슈퍼컴퓨터 '벨라' 구축'

103) 네이버 Microsoft 나무위키

104) 한겨레 'MS '인공지능 윤리팀' 전원 해고, 왜?'

105) 뉴스핌 '텐센트, 사상 첫 매출 감소...장기 성장 위해 AI 모델 개발 주력'

106) ALIBABA NEWS한국어 '알리바바, 인공 지능 통해 디지털 격차 해소'

107) Ai타임스 '알리바바, AI 챗봇 경쟁에 합류... '챗GPT' 스타일 챗봇 구축 중'

108) Ai타임스 '스포티파이, 인공지능 자체 개발 착수'

109) Ai타임스 '세일즈포스, CRM용 생성 AI '아인슈타인' 출시'
110) Ai타임스 '세계 AI 시장 규모, 2027년 563조로 4.6배 성장'
111) 산업일보 '국내 AI 소프트웨어시장, 세계시장에 비해 성장률 낮아'

초판 1쇄 인쇄 2017년 10월 27일
초판 1쇄 발행 2017년 11월 3일
개정판 1쇄 발행 2019년 1월 2일
개정2판 발행 2020년 8월 1일
개정3판 발행 2021년 10월 25일
개정4판 발행 2023년 4월 24일

편저 ㈜비피기술거래
펴낸곳 비티타임즈
발행자번호 959406
주소 전북 전주시 서신동 780-2 우주빌딩 3층
대표전화 063 277 3557
팩스 063 277 3558
이메일 bpj3558@naver.com
ISBN 979-11-6345-441-0(93550)
가격 66,000원

이 도서의 국립중앙도서관 출판예정도서목록(CIP)은 서지정보유통지원시스템 홈페이지
(http://seoji.nl.go.kr) 와국가자료공동목록시스템 (http://www.nl.go.kr/kolisnet)에서 이용하실 수 있
습니다.